I0491710

ISBN 13: 9798718285314
Cover design by: Francesco Chirico
Printed in the United States of America

CONTENTS

INTRODUZIONE

Cari insegnanti, presidi, responsabili della prevenzione e della sicurezza nei luoghi di lavoro (RSPP), medici competenti, famiglie e scolari, mentre ci avviamo ad iniziare un nuovo anno scolastico (2023-2024), ci prepariamo ad affrontare nuove sfide ma anche momenti di crescita e di apprendimento condivisi.

Gli ospedali, nostri fari in questi tempi difficili, ci ricordano l'importanza della resilienza e la capacità di adattamento dell'essere umano.

La nostra comprensione della malattia COVID-19 si sta evolvendo, e anche all'interno delle nostre comunità educative dobbiamo evolverci nel nostro approccio di prevenire l'infezione e la malattia.

Le mascherine sono diventate un simbolo di cura e responsabilità. Nei corridoi, nelle aule e nelle aree comuni, siamo ancora incoraggiati a indossarle con consapevolezza, per proteggere noi stessi e chi ci sta accanto. L'importanza della vaccinazione viene ancora evidenziata da esperti e decisori politici. Come educatori, genitori e studenti, dobbiamo continuare ad agire responsabilmente e rimanere informati.

Le ultime Circolari del Ministero della Salute (di agosto e settembre 2023), ci forniscono comunque degli strumenti utili per affrontare le sfide future per l'anno scolastico 2023-2024 che sta per iniziare.

È essenziale però che, come comunità, continuiamo a collaborare per adattarci alle Circolari ed alle linee guida che il Ministero della Salute ha pubblicato e potrà pubblicare, in caso di necessità, nei prossimi mesi.

Questa nuova edizione del libro "Il COVID-19 nella scuola" contiene le misure di prevenzione e protezione attualmente richieste negli ambienti scolastici, raccontando però come le normative sono cambiate in questi anni di pandemia e quello che è accaduto nella scuola.

Questo manuale, sulla scia di quello che viene consigliato dal Ministero della Salute, raccomanda approcci basati sull'evoluzione della situazione epidemiologica del COVID-19 e sulla valutazione del rischio, che devono in particolar modo tenere in considerazione la presenza di individui fragili all'interno dei nostri ambienti scolastici (ma anche all'interno degli ambienti di vita e di lavoro in generale).

Mentre procediamo con cautela in questo inizio di nuovo anno scolastico, ci auguriamo di fare un passo decisivo verso il ritorno alla normalità. La speranza è che le emergenze globali, come le pandemie, non riescano più a fermare le nostre attività scolastiche e che, in ogni circostanza, le misure di prevenzione e di emergenza che dobbiamo comunque avere pronte, secondo i principi generali della normativa in materia di salute e sicurezza nei luoghi di lavoro, possano essere idonee a garantire la sicurezza e il benessere di tutti gli "stakeholder" (portatori di interesse) scolastici.

Spero che questo libro possa essere utile non soltanto agli attori della sicurezza scolastica e agli appassionati di sicurezza nei luoghi di lavoro, ma soprattutto a studenti, famiglie o semplicemente curiosi che desiderano approfondire un tema, quello della prevenzione della malattia COVID-19 in ambienti comunitari come quello scolastico, ancora al centro del dibattito pubblico.

Milano, 24 Settembre 2023   L'Autore

CAPITOLO 1. L'IMPATTO DEL COVID-19 NELLA SCUOLA E LA CRISI EDUCATIVA

La sospensione delle attività scolastiche per il contenimento della pandemia da COVID-19 ha determinato in tutto il mondo una profonda crisi educativa con rilevanti conseguenze psicologiche per la salute mentale di alunni e insegnanti (1,2).

Secondo *Save The Children*, a causa dell'emergenza sanitaria, da febbraio 2020 il 91% degli studenti di tutto il mondo ha dovuto lasciare le aule, ricorrendo solo qualora possibile alla didattica a distanza. Sempre secondo Save The Children, sono stati persi 74 giorni di istruzione per ciascun bambino o adolescente del pianeta, che corrisponde a più di un terzo della durata (stimata in circa 180 giorni) dell'intero anno scolastico. A livello globale sono stati persi complessivamente 112 miliardi di giorni di istruzione e le conseguenze peggiori si sono verificate nei Paesi in via di sviluppo, privi di tecnologie digitali e di sufficienti reti sociali di supporto e dove, ancor prima della pandemia, l'abbandono scolastico esponeva ogni giorno bambini e adolescenti al rischio di lavoro minorile, sfruttamento e abusi di ogni tipo (3).

Secondo l'Organizzazione Mondiale della Sanità, la scuola non rappresenta soltanto uno strumento di apprendimento, ma è un luogo dove devono essere forniti a bambini e ragazzi protezione sociale, alimentazione, salute e supporto emotivo. Per tale ragione, secondo l'UNESCO, la pandemia da COVID-19 ha portato a una "grave crisi educativa" senza precedenti, con rischi rilevanti per l'educazione, la protezione e il benessere psico-fisico di più di 1 miliardo e mezzo di studenti (in oltre 190 Paesi) i quali, al culmine di questa crisi, sono stati costretti a lasciare la scuola (4).

Anche nel nostro Paese, la chiusura delle aule scolastiche e la sospensione delle attività scolastiche in presenza hanno comportato un aumento del disagio psicologico giovanile, causato dalla perdita del patrimonio educativo e di esperienze affettive e di confronto umano, necesari per lo sviluppo dei bambini e la crescita dei ragazzi. Molte vite umane, tuttavia, sono state salvate grazie alla chiusura temporanea delle scuole, da inquadrare nell'ambito di una più ampia strategia di "lockdown" che ha portato alla chiusura temporanea di tutte le attività comunitarie e lavorative, ad eccezione di quelle ritenute essenziali (5-10).

La decisione di sospendere temporaneamente le attività didattiche ha rappresentato, pertanto, un sacrificio necessario, per proteggere, durante la prima drammatica fase della pandemia, la salute e la vita non solo dei lavoratori della scuola e dei ragazzi, ma quella di molte altre persone, soprattutto dei cosiddetti soggetti "fragili", che, per particolari condizioni di salute sono più esposti al rischio di contrarre forme severe di malattia (vedi per maggiori informazioni quanto riportato dal DM 4 febbraio 2022).

Le misure di contrasto alla pandemia nei luoghi di lavoro (come la scuola) che il legislatore ha richiesto a tutti i datori di lavoro, compresi i dirigenti scolastici, sono state indicate nel Protocollo nazionale condiviso, costantemente aggiornato a partire da Marzo 2020 e pubblicato sotto forma di Decreto del Presidente del Consiglio dei Ministri.

In questi anni sono state pubblicate inoltre linee guida, circolari, normative per la prevenzione del contagio ed il contenimento della pandemia nella scuola e negli istituti di educazione, da parte del Ministero dell'Istruzione e della Salute. Una delle novità più recenti, riportata nel Protocollo condiviso anti-contagio del 30 giugno 2022, prevede che le misure di prevenzione anti COVID-19 non siano solo misure di sanità pubblica da applicare tout court agli ambienti di vita e di lavoro, ma diventino misure di prevenzione e protezione che, nei luoghi di lavoro il datore di lavoro ha la responsabilità di attuare, nell'ambito del processo di valutazione del rischio previsto dal Decreto Legislativo 81 del 2008, che è la norma che tutela la salute e la sicurezza dei lavoratori e di terzi nei luoghi di lavoro.

Tali misure siano adattate alle concrete esigenze dello specifico ambiente di lavoro ed applicate dopo un attenta valutazione del rischio di contagio da SARS-CoV-2 per i lavoratori e i terzi presenti nell'ambiente di lavoro. Il datore di lavoro, con la collaborazione del medico competente e del responsabile del servizio di prevenzione e protezione, previa consultazione dei rappresentanti dei lavoratori per la sicurezza, deve, pertanto, pianificare le misure necessarie, metterle in pratica e poi verificarne l'efficacia.

Nel periodo dell'emergenza sanitaria, il legislatore ha richiesto a tutti i datori di lavoro scolastici (che non avevano ancora nominato il medico competente) di nominare il medico competente (anche attraverso un'apposita convenzione con l'INAIL) per effettuare la sorveglianza sanitaria "eccezionale" mirata alla tutela dei lavoratori "fragili". Altre misure di sanità pubblica hanno richiesto la partecipazione attiva del medico competente, in qualità di consulente globale del datore di lavoro (11-17).

La collaborazione tra "stakedolder" di sanità pubblica e quelli operanti nell'ambito della medicina del lavoro, richiesta dai decisori politici nel corso di questa pandemia si è dimostrata molto utile ed efficace e potrebbe risultarlo ancora di più nel prossimo futuro, quando presumibilmente dovremo affrontare nuove emergenze sanitarie legate ai cambiamenti climatici (18-21). In questo libro, oltre agli aspetti prevenzionistici aggiornati alle più recenti normative e linee guida ministeriali, sono stati rivisti i principali aspetti clinici, diagnostici e terapeutici della malattia COVID-19, con una bibliografia (minima per ragioni di spazio) che offre comunque al letttore curioso la possibilità di iniziare una ricerca su Pubmed o su altri database scientifici, dove è possibile approfondire le più recenti scoperte scientifiche.

CAPITOLO 2. LA SCUOLA IN ITALIA AI TEMPI DEL COVID-19

Dopo il primo caso "ufficiale" in Italia di COVID-19 identificato a Codogno il 20 febbraio 2020 ed il tentativo di contenere la diffusione del contagio isolando i Comuni della "zona rossa", il nostro Governo è stato costretto (con il DPCM del 9 marzo 2020), a mettere in atto un rigido lockdown su tutto il territorio nazionale, ciò comportando la chiusura immediata di tutte le attività lavorative (tranne quelle ritenute essenziali) e la sospensione di tutte le attività comunitarie, scolastiche e formative. E' stato questo l'inizio della "DAD", ovvero della didattica digitale integrata a distanza, per studenti di tutte le classi e di tutte le età. Il lockdown generalizzato deciso dal governo italiano, da lì a breve sarebbe stato adottato anche dai governi di tutto il mondo nel tentativo di contenere l'ondata impetuosa di contagi e di morti da COVID-19 che si diffondeva in tutto il mondo.

Il lockdown era considerata l'unica strategia percorribile in quel momento storico, in quanto finalizzato a ridurre l'ampiezza della curva dei contagi, dando la possibilità ai servizi sanitari dei vari Paesi di resistere all'ondata di morti e di ospedalizzazioni direttamente proporzionale al numero dei contagi. Questo avrebbe dato tempo agli scienziati per scoprire una cura o un vaccino efficace per combattere un virus nuovo e sconosciuto, il SARS-CoV-2.

Nel maggio 2020, l'abbattimento della curva dei contagi, ottenuto in Italia con uno dei lockdown più rigidi mai attuati fino ad allora, aveva portato fortunatamente alla riapertura di tutte le attività lavorative, ma non ancora all'apertura di quelle scolastiche: il rischio di una rapida ripresa dei contagi, in un ambiente confinato e promiscuo come quello scolastico, era troppo alto.

A settembre del 2020, nel mezzo di un acceso dibattito pubblico, i decisori politici decidevano di riaprire "in presenza" le attività formative e scolastiche per l'anno scolastico 2020-2021, imponendo ai dirigenti scolastici l'adozione di strette misure di prevenzione, attraverso decreti e circolari ad hoc.

Tali misure erano soprattutto di carattere tecnico ed organizzativo e prevedevano l'acquisto di banchi mobili, orari differenziati per l'inizio delle lezioni scolastiche, ingressi nelle scuole separati per classe, il potenziamento (da parte dei comuni) dei mezzi di trasporto pubblici ed altre misure di carattere igienico-sanitario tra cui l'uso di mascherine chirurgiche e di gel disinfettanti.

Tali misure, però, si rivelavano incapaci a prevenire l'arrivo della seconda ondata di contagi, che iniziava già nel mese di ottobre del 2020, probabilmente a causa della ripresa delle attività economiche e dell'uso di mezzi di trasporto pubblico inevitabilmente affollati.

Nell'autunno del 2020, il Governo decideva quindi di cambiare strategia, dichiarandosi assolutamente contrario a nuove chiusure generalizzate, adottando un sistema di chiusure mirate sulla base di una valutazione del rischio effettuata ad hoc dal Ministero della Salute per ciascuna Regione.

Sulla base dei dati epidemiologici forniti dalle stesse Regioni, il Ministero della Salute assegnava a ciascuna Regione (attraverso un colore facilmente identificabile) una specifica categoria di rischio, costantemente aggiornata sulla base del monitoraggio dei casi e con un calcolo (non semplice) basato su particolari indicatori epidemiologici.

Il calcolo era sostanzialmente basato sulla combinazione di due fattori: 1) il rischio di trasmissione dell'infezione nella comunità e 2) la capacità di tenuta del sistema sanitario regionale.

Sulla base di questa categoria di rischio, venivano graduate le misure di sanità pubblica necessarie al contenimento dei contagi.

La terza ondata di contagi si sarebbe verificata però comunque di lì a breve, nella primavera del 2021.

Il DPCM del 2 marzo 2021 stabiliva per le scuole, nelle Regioni in fascia gialla ed arancione, l'utilizzo della Didattica a Distanza (DAD) per il 50% ed il 75% del monte orario per le scuole secondarie di 2° grado (art. 21), dando la possibilità comunque ai Presidenti delle Regioni di disporre la sospensione delle attività scolastiche in relazione all'aggravarsi della situazione epidemiologica.

Nelle Regioni in fascia rossa, invece, il passaggio alla DAD era automaticamente previsto per tutte le scuole di ogni ordine e grado, ad eccezione dei casi in cui fosse necessario l'utilizzo di laboratori o vi fossero alunni portatori di disabilità o con bisogni educativi speciali (art. 43).

Nonostante la drammatica ed incontenibile diffusione del contagio (la campagna di vaccinazione era appena iniziata nel nostro Paese, partendo però dai sanitari nel dicembre 2020 e proseguendo con psicologi, forze dell'ordine ed insegnanti nel corso della primavera e dell'estate del 2021), il governo italiano decideva comunque di non richiudere le scuole, per evitare l'aggravarsi del disagio economico delle famiglie ed ulteriori conseguenze negative sul piano sociale, educativo e psicologico per i bambini e i ragazzi, già evidenziati fin dall'inizio della pandemia dall'Organizzazione Mondiale della Sanità.

La strategia del governo prevedeva quindi di mantenere aperte, per quanto possibile, le scuole, garantendo tuttavia un sistema di monitoraggio, attraverso un sistema di "testing" (esecuzione di test rapidi per rilevare i casi di infezione) e di "contact tracing" (tracciamento dei contatti) degli alunni e la chiusura di singole classi o dell'intera scuola quando questo fosse necessario (ad esempio, in caso di focolai epidemici). Centrale nell'attuazione delle misure di prevenzione, il coinvolgimento di tutti gli attori della sicurezza aziendale, tra cui il medico competente.

Con il Decreto Legge 6 agosto 2021 veniva estesa l'obbligatorietà della certificazione verde (il cosiddetto "Green Pass") ai lavoratori della scuola. A fine agosto 2021, le scuole erano pronte ad iniziare il nuovo anno scolastico 2021-2022 con il 90% del personale scolastico vaccinato. Tuttavia, le condizioni generali degli ambienti scolastici (scarsa ventilazione naturale, elevato indice di affollamento ndlle classi, scarse risorse per il tracciamento dei contatti) erano oggetto di critiche.

Il Protocollo d'Intesa del 14 agosto 2021 veniva realizzato con l'obiettivo di far partire l'anno scolastico 2021-2022 nel rispetto delle regole di sicurezza per il contenimento della diffusione del COVID-19. Tale Protocollo, trasmesso dal Ministero dell'Istruzione ai dirigenti delle istituzioni scolastiche di ogni ordine e grado con una Nota del Ministero dell'Istruzione del 18 agosto 2021, prevedeva che tutte le misure di prevenzione e protezione necessarie per la prevenzione dei contagi ed il contenimento della pandemia fossero diligentemente attuate da parte dei dirigenti scolastici pubblici e privati.

Tra i vari provvedimenti normativi, ricordiamo in questo periodo il Decreto del Ministero dell'Istruzione 6 agosto 2021 n.257, denominato "Piano scuola 2021-2022 Documento per la pianificazione delle attività scolastiche, educative e formative nelle istituzioni del Sistema nazionale di Istruzione", il Decreto-Legge 6 agosto 2021 n.111 denominato "Misure urgenti per l'esercizio in sicurezza delle attività scolastiche, universitarie, sociali e in materia di trasporti", il Decreto-Legge 10 settembre 2021 n.122 recante le "Misure urgenti per fronteggiare l'emergenza da COVID-19 in ambito scolastico, della formazione superiore e socio sanitario-assistenziale", emanati per la messa in sicurezza dell'anno scolastico 2021-2022.

La quarta ondata di contagi iniziava però nell'autunno del 2021, anche se (come previsto) di minore intensità rispetto a quelle precedenti, anche grazie agli effetti protettivi conferiti dalla campagna vaccinale estesa a tutti e all'immunità naturale (da infezione) presente nella popolazione generale.

I vaccini contro il COVID-19, tuttavia, seppure molto efficaci contro le forme severe di malattia, le ospedalizzazioni e i casi di morte (soprattutto nei fragili), si dimostravano molto meno efficaci rispetto al contagio dell'infezione che poteva essere contratta anche nei vaccinati, seppure in forma lieve o asintomatica e quindi trasmessa.

Il virus SARS-CoV-2, inoltre, grazie alla sua capacità di mutare in varianti sempre più contagiose (dalla variante originaria di Wuhan, passando attraverso le varianti alfa, beta, gamma e delta, era mutato in ben 5 sottovarianti del ceppo omicron) continuava a circolare nella popolazione.

Per tale ragione, nel 2021 il numero dei contagi in Italia risultava essere comunque di poco inferiore al 2020, anche se nel complesso erano stati registrati importanti miglioramenti sul fronte dei ricoveri e dei decessi.

A fronte di un numero di casi sovrapponibile a quello del 2020, nel 2021 vi erano però solo un quarto dei ricoveri e meno di un settimo dei decessi rispetto all'anno precedente.

Le misure di prevenzione e protezione indicate nei protocolli adottati in ambito scolastico, che prevedevano l'utilizzo dei dispositivi di protezione individuale respiratoria (mascherine chirurgiche ed FFP2), la campagna di vaccinazione di massa e la diffusione di strumenti diagnostici rapidi di screening come, ad esempio, i test salivari rapidi ed i tamponi antigenici di ultima generazione, consentivano di evitare chiusure generalizzate, nonostante i focolai di COVID-19 in ambito scolastico fossero sempre più frequenti e probabilmente legati ad un trasmissione dell'infezione bel sostenuta nelle fasce più giovani della popolazione, anche in ambito extrascolastico, con forme di malattia generalmente non gravi nei giovani e nei ragazzi (seppure vi fossero eccezioni, soprattutto nei giovani fragili).

Il 2022 rappresentava l'anno della fine dell'emergenza sanitaria da COVID-19 (ufficialmente l'emergenza è stata dichiarata terminata il 31 marzo 2022). Tuttavia, la curva dei contagi e il numero dei morti da COVID-19 è rimasto costante nel corso di tutto il 2022, anche se con numeri inferiori rispetto al 2021 (con un numero di morti tra 30 e 200 al giorno nei mesi compresi tra gennaio ed agosto 2022).

Nel corso del 2022 il governo italiano ha pubblicato documenti finalizzati alla prevenzione dell'infezione negli ambienti lavorativi e scolastici, seppure prevedendo misure meno rigide degli anni precedenti; tra questi ricordiamo il Protocollo nazionale anti-contagio del 30 giugno 2022 e le "Indicazioni strategiche ad interim per preparedness and readiness ai fini della mitigazione delle infezioni da SARS-CoV-2 in ambito scolastico (a.s. 2022-2023)" rilasciate in data 05 agosto 2022, per la scuole (5-8,21,23-25).

Il 5 maggio 2023 ha segnato un momento cruciale nella storia della pandemia, in quanto l'Organizzazione Mondiale della Sanità ha annunciato la conclusione dell'emergenza sanitaria iniziata in data 11 marzo 2020, giorno in cui venne ufficialmente proclamato l'inizio della pandemia.

Dal 2020 al 2023 sono trascorsi tre anni intensi durante i quali, come riportato dalle stime dell'OMS, il virus ha provocato circa 20 milioni di morti e molte conseguenze negative sul piano sociale ed economico.

Oggi (settembre 2023), il virus SARS-CoV-2 è ancora presente nella popolazione ed è soggetto a continue mutazioni. Gli esperti sostengono che il virus potrebbe permanere nella popolazione e diventare endemico. Pertanto, alcuni ambienti comunitari, come la scuola, rappresentano un potenziale luogo di amplificazione e di trasmissione di infezioni trasmissive, virali e non.

Nei prossimi capitoli parleremo anche delle recenti Circolari del Ministero della Salute pubblicate nei mesi di agosto e settembre 2023.

CAPITOLO 3. IL VIRUS SARS-COV-2 E LA MALATTIA COVID-19: ASPETTI CLINICI, DIAGNOSTICI, TERAPEUTICI

L'infezione da COVID-19, malattia infettiva contagiosa, è causata da un nuovo Coronavirus, il SARS-CoV-2. I Coronavirus sono una vasta famiglia di virus noti per causare malattie che vanno dal comune raffreddore fino a malattie più gravi come la Sindrome respiratoria mediorientale ("Middle East Respiratory Syndrome" o "MERS") e la Sindrome respiratoria acuta grave ("Severe Acute Respiratory Syndrome" o "SARS"). A differenza della malattia da COVID-19 dichiarata dall'Organizzazione Mondiale della Sanità "emergenza sanitaria per la salute pubblica" il 31 gennaio 2020 e "pandemia" l'11 marzo 2020, i virus MERS e la SARS, anche probabilmente più letali del virus SARS-CoV-2, hanno dato origine a focolai epidemici contenuti ma senza mai diffondersi all'intero globo terrestre e, quindi, senza mai diventare pandemici. A tal proposito, la scelta da parte del gruppo di studio ICTV Coronaviridae, che ha studiato la classificazione tassonomica del virus, di chiamarlo SARS-CoV-2, deriva dalla sya similitudine con il virus della SARS, denominato SARS-CoV. Al 4 agosto 2022, secondo i dati riportati dal sito Worldmeter, risultano in tutto il mondo 585 milioni di casi e 6 milioni e 430 mila morti. Tali dati sono, tuttavia, solo quelli ufficiali, e possono pertanto sottostimare i numeri reali (23).

I Coronavirus sono virus ad RNA a singolo filamento che hanno un aspetto simile ad una corona al microscopio elettronico (infatti, è possibile notare sulla superficie esterna le glicoproteine S). Tali virus infettano l'uomo, ma anche una vasta gamma di animali.

Esistono quattro sottofamiglie di coronavirus: alfa e beta (apparentemente provenienti dai mammiferi, in particolare dai pipistrelli), gamma e delta (provenienti da suini e uccelli). Tra i sottotipi di coronavirus che possono infettare l'uomo, i beta-coronavirus, a cui appartiene il SARS-CoV-2, possono causare gravi malattie e decessi, mentre gli alfa-coronavirus causano infezioni lievemente sintomatiche o asintomatiche.

I Coronavirus sono stati identificati a metà degli anni '60 e sono noti per infettare l'uomo ed alcuni animali (inclusi uccelli e mammiferi). Sebbene il SARS-CoV-2 abbia avuto origine dai pipistrelli, l'animale intermedio attraverso il quale il virus è passato agli umani, realizzando lo "spillover" è incerto. Pangolini e serpenti sono attualmente i maggiori indiziati (21,22,26,27).

I Coronavirus che ad oggi hanno dimostrato di essere in grado di infettare l'uomo sono sette, e sono compresi in due raggruppamenti: Coronavirus umani comuni: HCoV-OC43 e HCoV-HKU1 (Betacoronavirus), HCoV-229E e HCoV-NL63 (Alphacoronavirus); questi virus possono causare raffreddori comuni ma anche gravi infezioni del tratto respiratorio inferiore.

Altri Coronavirus umani (Betacoronavirus) sono, come detto, il SARS-CoV, il MERS-CoV ed il 2019-nCoV (ora denominato SARS-CoV-2). Il nuovo Coronavirus (2019-nCoV o, meglio chiamato, SARS-CoV-2) è un ceppo di coronavirus che non è stato precedentemente mai identificato nell'uomo.

In particolare, il SARS-CoV-2 non era mai stato identificato prima di essere segnalato a Wuhan, in Cina, nel dicembre 2019. La malattia provocata dal nuovo Coronavirus è stata chiamata dall'Organizzazione Mondiale della Sanità con l'acronimo "COVID-19", dove "CO" sta per corona, "VI" per virus, "D" per disease e "19" indica l'anno in cui è stato osservato il primo caso di malattia (26,27).

Caratteristiche cliniche della malattia da COVID-19

Le più frequenti manifestazioni cliniche della forma sintomatica (esistono anche forme asintomatiche) della malattia COVID-19 sono sintomi simil-influenzali con un corteo sintomatologico caratterizzato da uno o più di tali sintomi: tosse, febbre, cefalea, mal di gola, malessere ed artromialgie.

Alcuni pazienti presentano anche sintomi gastrointestinali, tra cui anoressia, nausea, vomito e diarrea. Sintomi tipici sono ritenuti l'anosmia (perdita degli odori) e la ageusia (perdita del gusto).

L'insorgenza di difficoltà respiratoria è considerata indicativa di un peggioramento della malattia. La polmonite virale primaria è una forma di polmonite interstiziale, frequente nei pazienti affetti, ma che si manifesta soprattutto nei pazienti "fragili", ovvero quelli affetti da malattie respiratorie croniche, cardiocircolatorie, diabete mellito o patologie caratterizzati da stati di immunodepressione, frequenti soprattutto negli anziani (28-30).

L'età, probabilmente per la presenza di comorbilità è stata ritenuta un fattore importante di rischio di ospedalizzazione e morte. I tassi di mortalità stratificati per età, infatti, hanno evidenziato un netto aumento della mortalità per COVID-19 a partire dai 60 anni.

Sono state descritte anche manifestazioni extrapolmonari del virus. Tra le più frequenti, la congiuntivite e le eruzioni cutanee. Un fenomeno particolare descritto in letteratura sono le cosiddette "dita dei piedi COVID", ma sono state descritte anche eruzioni cutanee di vario tipo. Sono stati evidenziati, inoltre, effetti diretti ed indiretti del virus SARS-CoV-2 a livello neurologico e sul cuore (ad esempio, miocarditi), ma soprattutto nei pazienti con malattie cardiache preesistenti.

E' stato evidenziato, inoltre, un organotropismo per fegato e reni (31-41). L'infezione da COVID-19 è indistinguibile sulla base dei sintomi, da numerose altre infezioni respiratorie. Il decorso della malattia è variabile da individuo a individuo. Come per molte altre infezioni virali, i pazienti possono anche essere asintomatici, o presentare sintomi lievi o moderati, fino a manifestare quadri di polmonite di tipo interstiziale di gravità variabile. Dopo un tempo medio di incubazione di circa 5 giorni (range di 2-14 giorni), una tipica infezione da COVID-19 inizia con tosse secca e febbre (38-39°C) ed è spesso accompagnata da una diminuzione dell'odore e del gusto.

Nella maggior parte dei pazienti, soprattutto i vaccinati,

l'infezione ha un decorso benigno con la progressiva scomparsa dei sintomi in pochi giorni. L'introduzione della vaccinazione di massa e la comparsa di nuove varianti meno patogene hanno modificato il decorso naturale dell'infezione, che era tendenzialmente subdolo ed aggressivo.

Tuttavia, sono molti i casi ad oggi di permanenza di uno o più dei sintomi di COVID-19 (raggruppati nella sindrome definita "Long Covid" o "Post-COVID-19") che si manifestano non solo nelle forme gravi di COVID-19, ma anche in quelle lievi (28-30).

L'esito della malattia COVID-19 è imprevedibile e il decorso clinico può andare da forme asintomatiche a forme con un decorso clinico devastante. Nelle forme più gravi, soprattutto nei pazienti fragili e non vaccinati, nel corso degli anni pandemici la malattia ha avuto prognosi infausta ed è stato spesso necessario il ricovero in ospedale con il ricorso alla terapia intensiva ed alla ventilazione assistita.

Il diabete mellito è stato associato a forme severe di COVID-19 con un rischio più del doppio rispetto ai non diabetici (OR = 2.75 (95% CI: 2.09-3.62; p < 0.01) e con un rischio di morte doppio rispetto ai non diabetici (OR= 2.16 (95% CI: 1.74-2.68; p < 0.01).36 Le gravi complicanze a livello polmonare sono l'insufficienza respiratoria e l'ARDS (Sindrome da distress respiratorio).

La percentuale di mortalità descritta all'inizio della pandemia era tra il 2 ed il 5%. Il sovraccarico degli ospedali e la mancanza di vaccini e di protocolli terapeutici ed assistenziali validi hanno senz'altro influito su tali percentuali (41).

Modalità di contagio e di trasmissione del virus SARS-CoV-2

Finora sono state identificate in tutto il mondo centinaia di varianti del SARS-CoV-2, costantemente monitorate dall'OMS con una rete internazionale di esperti. Tra le principali, la variante alfa è stata identificata per la prima volta nel Regno Unito, quella beta in Sud Africa, la gamma è originata in Brasile e la delta in India. La variante più recente è quella omicron, che possiede diverse sotto varianti. Le più recenti sono state le varianti omicron, caratterizzate una sintomatologia più lieve ma con una maggiore contagiosità. I vaccini attuali, realizzati sulla variante di Wuhan hanno dimostrato, tuttavia, di mantenere su tutte le varianti finora scoperte una buona efficacia rispetto alle forme severe di malattia ed alle ospedalizzazioni (42).

L'Istituto Superiore di Sanità (ISS) coordina una rete di laboratori attivi in tutte le Regioni/ Province Autonome (PPAA) per raccogliere le sequenze genetiche di SARS-CoV-2 in un'unica piattaforma nazionale denominata ITALIAN-COVID-19-GENOMIC (I-Co-Gen). La piattaforma è a disposizione dei laboratori accreditati in ogni Regione/PA per la raccolta, l'analisi e la condivisione dei dati di caratterizzazione genomica di SARS-CoV-2 a livello regionale e nazionale. Da maggio 2021 ad aprile 2023 sono stati prodotti 31 rapporti periodici, integrando i dati microbiologici ed epidemiologici e restituendo la distribuzione nel tempo e nello spazio delle varianti di SARS-CoV-2 di interesse per la sanità pubblica circolanti in Italia.

Le persone sintomatiche rappresentano la causa più frequente di diffusione del virus, ma anche i soggetti asintomatici o paucisintomatici (con pochi sintomi) ove portatori di elevate cariche virali possono essere contagiosi. In letteratura, gli asintomatici con alte cariche virali sono stati considerati "superspreaders" (superdiffusori), potendo causare (pochi di loro) la maggior parte delle infezioni nei soggetti suscettibili (24).

L'OMS considera poco frequente la possibilità di essere contagiati da un soggetto positivo se non entro 2 giorni da quando insorgono i sintomi. Il periodo di incubazione (dal contagio all'insorgenza dei sintomi) è tuttavia alquanto variabile: è stato descritto in 1-14 giorni con un periodo mediano di 5-6 giorni. In altre parole, la persona può essere contagiosa già da 48 ore prima dell'inizio dei sintomi fino a 2 settimane (ma in alcuni casi anche oltre) dopo la loro insorgenza.

Uno studio pubblicato su Nature Medicine ha stimato come il 44% (95%CI 25-69) circa di tutte le infezioni secondarie siano causate da pazienti pre-sintomatici (37). Naturalmente, è difficile identificare il soggetto fonte del contagio, specialmente se asintomatico, paucisintomatico o presintomatico, se non dopo un'attenta attività di tracciamento dei contatti ("contact tracing") (43).

Sono diversi gli studi che evidenziano come il 40-50% delle infezioni decorrano del tutto asintomatiche. Vi è inoltre la possibilità che persone positive asintomatiche possono trasmettere il virus anche per un periodo più lungo di 14 giorni.

Di rilievo è il fatto che, secondo alcuni studi, l'assenza di sintomi è stata comunque associata a casi di rilevanti danni a livello polmonare, nel corso della pandemia (43-45).

Per quanto riguarda le modalità di trasmissione del virus, la trasmissione interumana diretta (da persona a persona) è la principale via di trasmissione, che avviene attraverso l'inalazione di goccioline respiratorie emesse nell'aria quando una persona infetta tossisce, starnutisce o parla ("droplet transmission"). Poiché le goccioline cadono entro pochi metri, la probabilità di trasmissione diminuisce con l'aumentare della distanza tra le persone, riducendosi significativamente se esse rimangono ad almeno 2 metri di distanza l'uno dall'altro. Tuttavia, la trasmissione avviene anche attraverso l'inalazione di bioaerosol ("airborne transmission"). Il virus può essere aerosolizzato durante determinate attività (per esempio, il canto) o procedure (per esempio, l'intubazione nei reparti ospedalieri di terapia intensiva) ed in tal modo persistere in forma di aerosol in aria in ambienti chiusi per diverse ore. Gli aerosol che contengono particelle di più piccole dimensioni (< 10 micron) rispetto alle goccioline di flugge, possono trasportare, soprattutto negli ambienti confinati, il virus a distanze maggiori di 2 metri, con il rischio di infettare più persone.

Per tale ragione, è stata ipotizzata una trasmissione del virus in ambienti confinati chiusi (cosiddetti "indoor") anche attraverso il ricircolo dell'aria negli impianti di climatizzazione di tipo centralizzato (46).

In ogni caso, alcuni studi epidemiologici confermano che la trasmissione negli ambienti chiusi sia più frequente rispetto alla trasmissione all'esterno, in ambienti all'aperto ("outdoor") (47).

E' possibile inoltre acquisire l'infezione per "via indiretta", cioè toccando superfici oppure oggetti contaminati da goccioline contenenti il virus e poi toccandosi con le mani contaminate occhi, naso o bocca. Il virus riesce a persistere sulle superfici fino a diversi giorni. Per quanto riguarda la trasmissione oro-fecale, questa potrebbe avvenire (anche se non è stata ad oggi pienamente dimostrata), in quanto l'RNA del virus è stato ritrovato sia nel sangue che nelle feci umane (48).

Le cellule bersaglio primarie del virus sono le cellule epiteliali del tratto respiratorio e gastrointestinale. Il SARS-CoV-2 si lega al recettore ACE2 localizzato principalmente sulle cellule alveolari di tipo II e sull'epitelio intestinale (stesso recettore utilizzato dalla SARS). Il danno determinato dal virus sembra essere inizialmente il risultato dell'azione citopatica diretta sugli pneumociti, per cui in una prima fase si determina un danno alveolare diffuso. Successivamente segue una seconda fase caratterizzata da una risposta infiammatoria esuberante: una tempesta di citochine che porta ad un importante impegno d'organo. In questa fase possono esservi innalzamenti dei livelli di Proteina C Reattiva, ferritina ed Il-6 che sembrano correlare positivamente con la severità della malattia e la mortalità. Si possono pertanto distinguere due fasi della malattia. Nella prima fase di "replicazione", che dura diversi giorni, si attiva una risposta immunitaria innata. Quando questa non è sufficiente a contenere il virus, l'azione citopatica del virus e la risposta innata dell'organismo possono produrre una blanda sintomatologia. Nella fase 2, della "immunità adattativa", si ha una diminuzione del titolo virale, ed un contemporaneo aumento del numero di citochine infiammatorie. Questo determina un importante danno tissutale, causando il peggioramento delle condizioni e della prognosi clinica del paziente con le conseguenze polmonari ed extrapolmonari che possono portare a morte il paziente (48).

COVID-19 ed influenza:
somiglianze e differenze

La malattia COVID-19 ha diverse similitudini con le precedenti pandemie influenzali, ma presenta anche sostanziali differenze. In termini di mortalità in eccesso, la malattia da COVID-19 ha evidenziato numeri ben superiori rispetto a quelli delle grandi pandemie influenzali del passato.

La pandemia da COVID-19 ha superato i numeri della pandemia da influenza AH1N1 del 2009 che aveva causato a livello globale 201.200 decessi respiratori (range 105.700-395.600) con ulteriori 83.000 decessi per cause cardiovascolari.

Inoltre, dai primi studi di letteratura (effettuati in assenza di vaccino e di terapie efficaci), il rischio per la popolazione di essere ricoverata in terapia intensiva era ben 5/6 volte superiore nei pazienti infettati dal virus SARS-CoV-2 rispetto a quelli colpiti dalla pandemia influenzale del 2009.

Negli anziani, la mortalità della COVID-19 registrata da marzo a giugno 2020 è stata più di 10 volte superiore a quella di una grave stagione influenzale e più di 300 volte superiore a quella della pandemia influenzale del 2009/2010.

Rispetto alla (tragicamente) famosa pandemia da influenza "spagnola" del 1918, considerata uno dei maggiori disastri sanitari mondiali per morbilità e mortalità, essendo stati contagiati circa un miliardo di persone ed uccisi tra i 21 ed i 25 milioni di individui (26).

La mortalità da COVID-19 risulta particolarmente alta negli anziani. Infatti, mentre il tasso di mortalità complessiva della spagnola corretto per l'età era 42 volte più alto per le persone con meno di 45 anni, il tasso di mortalità era del 44% più basso nella spagnola rispetto alla COVID-19 nei meno giovani (>45 anni) (49-55).

Suscettibilità all'infezione da COVID-19

Fin dall'inizio dell'epidemia, l'età avanzata è stata identificata come un importante fattore di rischio per la gravità della malattia e quindi come il fattore di rischio probabilmente più importante di mortalità. Probabilmente nei pazienti con aterosclerosi, il danno endoteliale che fa parte della risposta patologica alla forma di COVID-19 grave, porta anche ad una insufficienza respiratoria, con disfunzione multiorgano e trombosi. Anche l'infiammazione legata all'età può contribuire ad aggravare il decorso della COVID-19 nelle persone anziane.

Tuttavia, deve essere considerato il fatto che l'età è spesso associata a diverse comorbilità che possono essere associate a forme più gravi di malattia e, quindi, l'età potrebbe rappresentare un fattore di confondimento (56).

Preliminari evidenze hanno riguardato anche la minore mortalità nei pazienti di sesso femminile. Dai primi dati, in Italia, ad esempio, il sesso maschile è stato un fattore di rischio indipendente associato alla mortalità in terapia intensiva con un rapporto di rischio aumentato (pari a di 1,57) (57,58). Le minoranze etniche sono state colpite in modo importante dalla pandemia da COVID-19. In uno studio sui casi segnalati al CDC fino al maggio 2020, il 33% era ispanico, il 22% nero e l'1,3% non ispanico indiano americano o nativo dell'Alaska (59). Tuttavia, altri studi statunitensi non hanno trovato alcuna differenza, dopo il controllo per fattori confondenti come l'età, il sesso, l'obesità, le comorbilità cardiopolmonari, l'ipertensione ed il diabete (60). Tra i fattori di rischio più importanti è stata segnalata in diversi studi l'obesità. Secondo Lockhart (2020) (61), ciò potrebbe essere dovuto ad un aumento delle citochine infiammatorie che potenziano la risposta infiammatoria, ad una riduzione della secrezione di adiponectina (abbondante nell'endotelio polmonare) e ad un aumento del complemento circolante, oltre che all'insulino-resistenza sistemica. Oltre all'età avanzata ed all'obesità, sono stati valutati altri fattori di rischio per le forme di COVID-19 gravi e mortali. Già i primi studi in Cina, avevano scoperto che alcune comorbidità come l'ipertensione, le malattie cardiovascolari ed il diabete mellito erano associate a forme gravi di COVID-19 ad esito infausto. In Italia, un ampio studio di popolazione ha evidenziato nei pazienti affetti da COVID-19 una maggiore prevalenza di malattie cardiovascolari (ipertensione arteriosa, cardiopatie coronariche, insufficienza cardiaca) e di malattie renali croniche. Le Circolari del Ministero della Salute indirizzate ai medici competenti, per valutare con attenzione l'idoneità alla mansione specifica nei soggetti "fragili" e favorire il loro impiego nel lavoro agile a distanza (cosiddetto "smart working") trovano il loro razionale proprio in questi studi epidemiologici.

La sindrome del "Long COVID"

Il "Long COVID" è una sindrome clinica che colpisce una buona parte dei soggetti affetti da COVID-19 (indipendentemente dalla gravità dei sintomi) ed è caratterizzata dalla insorgenza o persistenza di alcuni sintomi legati all'infezione da SARS-CoV-2 per settimane o mesi. Anche l'insorgenza di tali sintomi può avvenire settimane o mesi dopo la guarigione clinica dall'infezione. Il quadro clinico può variare da paziente a paziente e non sempre i sintomi avvertiti vengono facilmente ricondotti alla precedente infezione da COVID-19. Sebbene l'impatto del "Long COVID" sulla popolazione sia evidente e la sindrome riconosciuta come entità clinica, sono diversi gli studi in corso per definire sempre meglio le sue caratteristiche, a partire dalle cause. Sebbene alcuni fattori di rischio siano stati implicati nell'insorgenza di tale sindrome (età avanzata, sesso femminile, obesità, diabete mellito tipo 2, ospedalizzazione per COVID-19), non sono ancora ben chiari i meccanismi che determinano l'insorgenza di tale sindrome. E' stato ipotizzato un danno diretto causato dal virus SARS-CoV-2 o della malattia sul sistema nervoso o una risposta anomala del sistema immunitario che causa una specie di risposta autoimmunitaria a danno di vari organi e tessuti del corpo. I sintomi di tale sindrome possono variare da persona a persona ed includono fatica persistente, stanchezza, debolezza, dolori muscolari ed articolari, mancanza di appetito, sintomi a livello respiratorio, cardiovascolare, neurologico, gastroenterico e psichiatrico, come ad esempio dispnea (fame d'aria), tosse persistente, dolore al petto e senso di oppressione, tachicardia e palpitazioni, aritmie, variazioni della pressione arteriosa, pericarditi e miocarditi, cefalea, difficoltà di concentrazione e perdita di memoria (la cosiddetta "nebbia mentale" o "brain fog"), disturbi dell'olfatto, del gusto e dell'udito, nausea, vomito, perdita di appetito, dolori addominali, diarrea, reflusso gastroesofageo, disturbi del sonno, depressione del tono dell'umore (tristezza, irritabilità, insofferenza, mancanza di interesse nei confronti di attività che prima piacevano), ansia, stress e psicosi. La diagnosi è clinica e si basa sulla una pregressa diagnosi di COVID-19 e sulla esclusione di altre cause di malattia (62-68).

CAPITOLO 4. LA VALUTAZIONE DEL RISCHIO BIOLOGICO NELLA SCUOLA

La normativa di riferimento per la tutela della salute e della sicurezza in tutti i luoghi di lavoro, pubblici e privati, è il D.Lgs 81/08, che ha abrogato il precedente D.Lgs 626/94. Nelle istituzioni scolastiche pubbliche, il Datore di Lavoro (DdL) coincide con la figura del dirigente scolastico ("preside"), mentre nelle scuole private tale ruolo è svolto dal Rappresentante legale dell'Istituto. Il DdL ha diversi obblighi: 1) valutare i rischi lavorativi per i lavoratori ed i terzi presenti; 2) designare il Responsabile del Servizio di Prevenzione e Protezione (RSPP); 3) redigere il Documento di Valutazione del Rischio (DVR); 4) designare i componenti del Servizio di Prevenzione e Protezione; 5) nominare il Medico Competente (MC); 6) designare gli addetti alla squadra di primo soccorso, incendio ed emergenza; 7) fornire ai lavoratori la necessaria informazione e formazione ed i Dispositivi di Protezione Individuale (DPI) in collaborazione con il RSPP; 8) organizzare il sistema di emergenza in collaborazione con il MC. Tutto ciò deve essere fatto consultando i Rappresentanti dei Lavoratori per la Sicurezza (RLS). Solo due obblighi del DdL sono "non sono delegabili" (art. 16 D.Lgs 81/08): 1) la valutazione del rischio e 2) la designazione del RSPP. La funzione di RSPP può essere svolta dallo stesso DdL o da una persona individuata all'interno o all'esterno del personale scolastico (art. 32 comma 8,9,10 D.Lgs 81/08). Nella scuola, i lavoratori non sono soltanto il personale docente e non docente (amministrativo e tecnico) della scuola, ma gli stessi studenti sono equiparati ai lavoratori quando, durante l'esecuzione di attività in laboratorio, o nell'ambito di corsi di formazione professionali, sono esposti ad uno o più rischi lavorativi tutelati (solo per citarne uno molto conosciuto ed anche normato dal D.Lgs 81/08, l'utilizzo di attrezzature munite di videoterminali per almeno 20 ore settimanali).21 Vi sono diversi fattori di rischio di origine lavorativa a cui sono esposti i lavoratori della scuola.

Uno di questi è il rischio biologico. L'esposizione agli agenti biologici negli ambienti di lavoro è normata dal D.Lgs 81/08. La tutela dei lavoratori esposti ad agenti di rischio biologico è prevista all'art. 266 ("Campo di applicazione") Capo I, Titolo X del D.Lgs 81/08 e si applica a "tutte le attività lavorative nelle quali vi è rischio di esposizione ad agenti biologici".

Gli agenti biologici sono costituiti da "qualsiasi microrganismo anche se geneticamente modificato, coltura cellulare ed endoparassita umano che potrebbe provocare infezioni, allergie o intossicazioni" (art. 267 lettera a). Gli agenti biologici, pertanto, comprendono virus, batteri, funghi, protozoi, elminti parassiti, ed in un'accezione più ampia, anche gli artropodi (per esempio, zecche ed acari della polvere), gli insetti (per esempio, imenotteri, blatte, pulci, ecc.), i mammiferi (per esempio, ratti, ecc.), in quanto vettori biologici o meccanici di microrganismi responsabili di malattie infettive.

Mentre i microrganismi possono nuocere direttamente ("infezione") o attraverso la produzione di tossine (per esempio, la "tossi-infezione" alimentare causata da da Stafilococcus Aureus o l'infezione provocata dalla tossina tetanica), gli allergeni come pollini, acari della polvere, forfore di animali domestici, causano una reazione allergica oppure reazioni di ipersensibilità nelle persone predisposte.

Le scuole sono ambienti "indoor", in quanto "ambienti confinati di vita e di lavoro non industriali". Le fonti di rischio biologico, nella scuola possono provenire dall'ambiente stesso, dai suoi occupanti, o dalle attività svolte in esso. La qualità degli ambienti indoor ha un ruolo importante sullo stato di salute e sui livelli di comfort e di benessere di alunni ed insegnanti, influenza il loro rendimento e migliora o peggiora le loro prestazioni (69).

La qualità "biologica" dell'aria può essere inficiata dalla presenza di "contaminanti" microbiologici, che dipendono essenzialmente dal grado di affollamento derivante dal numero di persone presenti, dalle attività svolte nell'ambiente indoor e dal ricambio d'aria naturale garantito (69).

L'affollamento dei locali, l'inadeguata ventilazione e l'insufficienza dei ricambi d'aria negli ambienti incrementano, pertanto, la possibilità di contatto con le potenziali sorgenti di rischio (rappresentate soprattutto da persone affette da malattie infettive o portatrici sane o asintomatiche di agenti infettivi), impedendo la diluizione degli inquinanti biologici negli ambienti stessi.

Lo scarso stato di manutenzione e di pulizia dell'edificio, dei servizi igienici e degli impianti di trattamento aria e degli idrosanitari possono inoltre determinare le condizioni favorevoli allo sviluppo ed all'accumulo di muffe, batteri ambientali (ad esempio Legionelle) e acari della polvere. Pertanto, la regolare manutenzione dell'edificio e degli impianti, insieme ad una adeguata ventilazione dei locali, consentono di controllare le condizioni ambientali favorenti la proliferazione microbica (69).

La componente microbiologica dell'aria è definita nel suo insieme con il termine di "bioaerosol": con esso si intendono gli aerosol contenenti microorganismi (batteri, funghi, virus) o loro componenti o derivati. Il range dimensionale dei bioaerosol è tale da consentirne la loro aero-diffusione e sedimentazione anche ad una certa distanza dalla sorgente di emissione e include la "frazione respirabile" del particolato aerodisperso (< 10 μm), di notevole interesse e rilevanza ai fini sanitari, perché in grado di penetrare in profondità nei polmoni. Nell'ambiente indoor la composizione del bioaerosol varia in funzione delle condizioni igieniche e dello stato di conservazione dei locali, della temperatura, del livello di umidità, del grado di ventilazione e di affollamento, delle abitudini degli occupanti e dell'attività svolta (69).

In mancanza di adeguati ricambi di aria, il bioaerosol può accumularsi e, qualora sussistano condizioni favorevoli (presenza nell'ambiente di acqua, umidità, sostanze nutritive, ossigeno e temperature adeguate), i microrganismi possono moltiplicarsi fino a raggiungere concentrazioni elevate (69).

In alcune scuole come gli istituti tecnico-professionali ad indirizzo microbiologico, agrario, agricolo o zootecnico, il rischio biologico può derivare invece dalle attività svolte in laboratorio che possono comportare un uso deliberato di agenti biologici (21).

In generale, però, il rischio biologico per gli insegnanti deriva da un esposizione "potenziale" al rischio. Negli asili nido e nelle scuole dell'infanzia, per esempio, gli insegnanti rischiano di contrarre malattie infettive durante l'assistenza ai bambini a causa del contatto con secrezioni, feci ed urine di bambini portatori di parassiti, enterococchi, rotavirus, citomegalovirus e virus dell'epatite A. Per gli insegnanti della scuola primaria, il rischio è legato soprattutto alla presenza di allievi affetti da malattie tipiche dell'infanzia quali rosolia, varicella, morbillo, parotite, scarlattina che possono colpire gli insegnanti privi di memoria immunitaria per queste malattie.

Ciò diventa particolarmente rilevante per le insegnanti in età fertile, in caso di un eventuale gravidanza, ove siano suscettibili all'infezione. Va considerata poi la possibilità di sporadici "outbreak" di malattie infettive come la tubercolosi e la mononucleosi infettiva e di parassitosi come la scabbia e, più frequentemente, la pediculosi. Non è infrequente, infine, la diffusione di epidemie stagionali come quelle causate dal virus del raffreddore e soprattutto dell'influenza (21).

Ai fine della valutazione del rischio, il D.Lgs. 81/08 prevede che l'esposizione agli agenti biologici possa avvenire in due circostanze: 1) esposizione certa per uso deliberato di agenti biologici nel ciclo produttivo; 2) esposizione potenziale per la presenza degli agenti biologici negli ambienti di lavoro. Da tale preliminare distinzione derivano i successivi specifici adempimenti prevenzionistici a carico del DdL. Per effettuare la valutazione del rischio, il DdL deve tenere in considerazione (art. 271 D.Lgs 81/08), le seguenti informazioni sulle caratteristiche dell'agente biologico e delle modalità lavorative:

·la classificazione di cui all'allegato XLVI o, in assenza, quella effettuata dal DdL sulla base delle conoscenze disponibili e seguendo i criteri indicati dall'articolo 268, commi 1 e 2;

·le informazioni sulle malattie che possono essere contratte;

·la conoscenza dei potenziali effetti allergici e tossici;

·la conoscenza della patologia di cui è affetto un lavoratore, da porre in correlazione diretta con l'attività lavorativa svolta;

·le eventuali ulteriori situazioni rese note dall'autorità sanitaria competente che possono influire sul rischio;

·il sinergismo dei diversi gruppi di agenti biologici utilizzati.

La valutazione del rischio biologico deve essere aggiornata in occasione di modifiche dell'attività lavorativa significative per la salute e/o sicurezza dei lavoratori ed in ogni caso ogni tre anni. Il DVR deve essere inoltre integrato dalle seguenti informazioni: a) fasi del procedimento lavorativo che comportano l'esposizione agli agenti biologici; b) numero dei lavoratori addetti alle fasi di cui alla lettera a); c) generalità del Responsabile del Servizio di Prevenzione e Protezione (RSPP); d) metodi e procedure lavorative adottate, nonché misure di prevenzione e protezione applicate; e) programma di emergenza per la protezione dei lavoratori contro i rischi di esposizione ad un agente biologico del gruppo 3 o del gruppo 4, nel caso di un difetto nel contenimento fisico.

Considerate le modalità di trasmissione dei microrganismi patogeni, la prevenzione del rischio biologico nell'ambiente scolastico si basa fondamentalmente sul rispetto delle norme di pulizia e di igiene individuale e ambientale, attraverso l'adozione di regole comportamentali individuali e collettive (le cosiddette "precauzioni universali"), a partire da una adeguata ventilazione dei locali e dal lavaggio delle mani.

Le precauzioni universali devono essere adottate indipendentemente dalla presenza di casi di malattia nella scuola, in quanto servono a interrompere la catena del contagio che favorisce la trasmissione interumana di un agente infettivo per via aerea, oro-fecale o ematica-sessuale.

Riportiamo alcune delle misure di prevenzione e protezione suggerite dall'INAIL (70-75) che il datore di lavoro può mettere in atto per la prevenzione del rischio biologico nella scuola:

•Manutenzione periodica dell'edificio scolastico, degli impianti idrici e di condizionamento.

•Idoneo dimensionamento delle aule in relazione al numero degli studenti (evitare condizioni di sovraffollamento).

•Idonea ventilazione e adeguati ricambi d'aria e comfort microclimatico (temperatura, umidità relativa, ventilazione idonee).

•Adeguata pulizia degli ambienti: i pavimenti devono essere regolarmente puliti e gli arredi periodicamente disinfettati (banchi, sedie, strumenti di lavoro), così come sistematicamente spolverati, in quanto polvere, acari e pollini possono causare irritazioni all'apparato respiratorio e/o reazioni allergiche. Le pulizie devono seguire adeguate e le corrette procedure di pulizia degli ambienti e dei servizi igienici con utilizzo di guanti e di indumenti protettivi e l'uso di mascherine in caso di soggetti allergici, devono essere organizzate.

• Vaccinoprofilassi per insegnanti e studenti.

•Sorveglianza sanitaria dei lavoratori esposti al rischio biologico.

•Controlli periodici delle condizioni igienico-sanitarie dei locali, inclusi i controlli della qualità dell'aria indoor e delle superfici.

• Sanificazione periodica nei casi in cui se ne ravvisi l'opportunità (presenza di topi, scarafaggi, formiche, vespe, etc.).

•Controllo costante degli ambienti esterni (cortili, parchi gioco interni) per evitare la presenza di vetri, oggetti contundenti, taglienti o acuminati che possono essere veicolo di spore tetaniche (anche se il rischio di tetano è stato ridimensionato grazie all'introduzione della vaccinazione obbligatoria per tutti i nati dal 1963).

•Informazione, formazione e sensibilizzazione del personale docente e non docente, degli allievi e delle famiglie in materia di rischio biologico (art.li 36, 37, 278), prima di essere adibiti all'attività a rischio e poi con frequenza almeno quinquennale. Tale attività deve essere mirata ai rischi per la salute derivanti dagli agenti biologici, alle misure di prevenzione e protezione da prendere (incluse le misure igieniche da osservare, la messa a disposizione ed il corretto impiego dei DPI, le procedure per manipolare gli agenti di gruppo 4).

• Uso di idonei ed efficaci dispositivi di protezione individuale (ad esempio, uso di guanti monouso e grembiuli idrorepellenti durante l'assistenza igienica, uso di guanti in gomma e camici per i collaboratori scolastici durante la pulizia dei servizi igienici, guanti, mascherine ed occhiali di protezione nei laboratori di microbiologia, ecc.). • Rispetto delle norme igienico-sanitarie.

La classificazione degli agenti di rischio biologico

L'art. 268 ("Classificazione degli agenti biologici") ripartisce gli agenti biologici in quattro gruppi a seconda del rischio di infezione negli esseri umani e della gravità della patologia causata. Gli agenti del gruppo 1 sono quelli che "presentano poche probabilità di causare malattie in soggetti umani". Gli agenti del gruppo 2 sono quelli che possono "causare malattie in soggetti umani" e costituire "un rischio per i lavoratori". Sono agenti che "è poco probabile che si propaghino nella comunità; sono di norma disponibili efficaci misure profilattiche o terapeutiche". Gli agenti del gruppo 3 sono quelli che possono "causare malattie gravi in soggetti umani" e costituire "un serio rischio per i lavoratori; l'agente biologico può propagarsi nella comunità, ma di norma sono disponibili efficaci misure profilattiche o terapeutiche".

Gli agenti biologici di gruppo 4 sono quelli che possono "provocare malattie gravi in soggetti umani" e costituire "un serio rischio per i lavoratori" e possono "presentare un elevato rischio di propagazione nella comunità; non sono disponibili, di norma, efficaci misure profilattiche o terapeutiche". Nel caso in cui l'agente biologico oggetto di classificazione non possa essere "attribuito in modo inequivocabile" ad uno fra i due gruppi sopramenzionati, esso va classificato nel gruppo di rischio più elevato tra le due possibilità (art. 268 comma 2) (70-75).

Tale classificazione viene determinata sulla base di quattro parametri che sono l'infettività, la patogenicità, la trasmissibilità e la neutralizzabilità dell'agente biologico. L'infettività è la capacità (misurabile) di un agente biologico di entrare e moltiplicarsi nell'ospite. La patogenicità è la capacità del microrganismo di produrre una malattia a seguito dell'infezione (la virulenza è il prodotto della sinergia tra infettività e patogenicità).

La trasmissibilità è la capacità di un microrganismo di essere trasmesso da un soggetto infetto ad uno sano, e dipende dalla sua modalità di trasmissione, dalla capacità di sopravvivere nell'ambiente e dal gradiente di ricettività da parte della comunità.

La neutralizzabilità è la disponibilità di efficaci misure profilattiche (ad esempio, la vaccinazione) per prevenire la malattia o di pratiche terapeutiche per la sua cura. In tale elenco (allegato XLVI al D.Lgs 81/08), viene indicato per alcuni agenti biologici la presenza di possibili effetti allergici (nota A), la necessità di conservare un elenco dei lavoratori esposti per almeno dieci anni dalla cessazione dell'ultima attività che comporta rischio di esposizione (nota D) a cura del medico competente, la possibile produzione di tossine (nota T) e la presenza di vaccino efficace disponibile (nota V).

La contestualizzazione di tali informazioni nel settore lavorativo specifico per il quale si effettua la valutazione del rischio richiede delle competenze sanitarie specifiche che il medico competente (MC) possiede. Anche per tale ragione, il MC deve partecipare alla valutazione del rischio biologico in modo attivo. Peraltro, la classificazione scelta dal legislatore si basa sull'effetto esercitato dall'agente biologico nei lavoratori sani e non si tiene conto degli effetti che possono esservi sui lavoratori la cui sensibilità può essere aumentata da malattie preesistenti, dall'uso di medicinali, dallo stato immunitario compromesso, dallo stato di gravidanza o da altre situazioni, di cui si deve tener conto al momento di scegliere le misure protettive da adottare. Una di queste misure è la stessa sorveglianza sanitaria (21,70-75).

La classificazione del virus SARS-CoV-2

Il virus SARS-CoV-2 è stato inserito nel gruppo 3. La Direttiva CE 2020_739 del 3 giugno 2020 ha modificato l'allegato III della Direttiva 2000/54/CE, inserendo il virus SARS-CoV-2 nell'elenco degli agenti biologici di cui è noto che possono causare malattie infettive nell'uomo. L'allegato III "CLASSIFICAZIONE COMUNITARIA" della direttiva 2000/54/CE è stato modificato come segue: "Nell'allegato III della direttiva 2000/54/CE, nella tabella relativa ai VIRUS (Ordine «Nidovirales», Famiglia «Coronaviridae», Genere «Betacoronavirus») è inserita la seguente voce tra «Sindrome respiratoria acuta grave da coronavirus (virus

SARS)» e «Sindrome respiratoria medio-orientale da coronavirus (virus MERS)»: Sindrome respiratoria acuta grave da coronavirus 2 (SARS-CoV-2): Gruppo 3" (76,77). Il virus SARS-CoV-2 dovrebbe essere considerato, quindi, a tutti gli effetti un agente di rischio occupazionale di tipo biologico e non soltanto un rischio biologico "generico", come definito dalla normativa emergenziale in Italia nei primi due anni della pandemia. Il protocollo nazionale del 30 giugno 2022 ha richiesto al datore di lavoro di graduare le misure di prevenzione anti COVID-19 nell'ambito della valutazione del rischio biologico.

La valutazione del rischio come strumento di prevenzione principale

Pertanto, nei casi in cui, dalla valutazione del rischio ex D. Lgs 81/08 (sempre in vigore a prescindere dai vari Protocolli nazionali emanati in questi anni nel corso dell'emergenza sanitaria), dovesse emergere un rischio elevato per i lavoratori (ad esempio, negli ambienti sanitari, socio-sanitari, nei lavori a contatto con il pubblico come quello degli insegnanti e degli educatori), il SARS-CoV-2 dovrebbe essere considerato alla stregua degli altri agenti di rischio biologico. In tal senso la Nota n.89/2020 dell'Ispettorato Nazionale del Lavoro, la Circolare INAIL n.13 del 3 aprile 2020 oltre al Protocollo del 30 giugno 2022, possono indirizzare l'attività di valutazione del rischio del datore di lavoro (DdL)

(76-78). In generale, si parla di rischio professionale quando la probabilità di un evento avverso determinato dall'esposizione al pericolo o agente di rischio ("hazard") presente nell'ambiente di lavoro o comunque connesso all'attività lavorativa sia incrementato avendo a riferimento la popolazione generale. Il rischio, invece, è "generico" quando l'agente pericoloso è presente tanto nella lavorazione quanto nella popolazione generale. In considerazione del fatto che il SARS-CoV-2 è stato classificato tra gli agenti biologici, in quanto può costituire "un serio rischio per i lavoratori" oltre che "propagarsi nella comunità", esso deve essere oggetto di valutazione del rischio (ex art.li 28 e 29 del D.Lgs 81/08 e smi) da parte del DdL (78). Secondo il D.L. 16 maggio 2020, n.33 (art.1 comma 14) convertito nella Legge 14 luglio 2020, n.74, le attività economiche, produttive e sociali devono svolgersi nel rispetto dei contenuti di protocolli o linee guida idonei a prevenire o ridurre il rischio di contagio nel settore di riferimento o in ambiti analoghi, adottati dalle Regioni o dalla Conferenza delle Regioni e delle Provincie Autonome nel rispetto dei principi contenuti nei protocolli o nelle linee guida nazionali. In assenza di quelli regionali trovano applicazione i protocolli o le linee guida adottati a livello nazionale. Ai sensi dell'art. 1 comma 15 della stessa Legge, "il mancato rispetto dei contenuti dei protocolli o delle linee guida, regionali, o, in assenza, nazionali, di cui al comma 14 che non assicuri adeguati livelli di protezione determina la sospensione dell'attività fino al ripristino delle condizioni di sicurezza". La nota n. 89 del 13 marzo 2020 dell'Ispettorato Nazionale del Lavoro "Adempimenti datoriali - Valutazione rischio emergenza coronavirus", richiamandosi ai principi contenuti nel D.Lgs 81/08 e nell'art. 2087 del codice civile, richiede al DdL in tutte le aziende in cui il SARS-CoV-2 sia considerato un rischio biologico generico, si redarre comunque un piano di intervento o una procedura da allegare in appendice al DVR, per individuare ed attuare le necessarie misure di prevenzione tra cui la fornitura al personale di adeguati DPI.78 Lo stesso D.L. 8 aprile 2020, n.23 (art. 29 bis), poi convertito in Legge 5 giugno 2020, n.40, richiede a tutti i DdL pubblici e privati di applicare le prescrizioni contenute nel Protocollo del 24 aprile 2020 e negli altri protocolli e linee guida di cui all'art. 1 comma 14 del decreto legge 16 marzo 2020, n.33, per adempiere all'obbligo di cui all'art. 2087 cc., cioè per dimostrare di avere messo in atto tutte le misure necessarie per fronteggiare i rischi lavorativi, "secondo la particolarità del lavoro, dell'esperienza e della tecnica". Il rimando ai protocolli esistenti consente, pertanto, di adeguare le misure alle condizioni epidemiologiche dell'emergenza sanitaria, mutevoli e variabili, e di affidarsi a misure scientificamente corrette dal momento che tali protocolli sono realizzati attraverso la costituzione di comitati scientifici di riferimento. Anche se l'adozione di tali protocolli sottoscritti da Governo e Parti sociali hanno sollevato il DdL dalla responsabilità penale in caso di infortunio-contagio del lavoratore, essi in realtà non erano sufficienti, dal momento che, ai sensi dell'art. 2087 del codice civile, le misure di prevenzione devono essere costantemente aggiornate in relazione allo stato di avanzamento tecnologico e delle conoscenze che la scienza mette a disposizione ed essere specifiche alla realtà lavorativa alla quale si riferiscono. Per tale ragione, l'ambito attuativo privilegiato di tali protocolli era e continua ad essere (ove dovessero essere in futuro emanati nuovi Protocolli) la valutazione del rischio ed il conseguente documento di valutazione del rischio che deve essere elaborato dal datore di lavoro.

Il Metodo INAIL per la valutazione del rischio biologico da SARS-CoV-2

Il "Documento tecnico sulla possibile rimodulazione delle misure di contenimento del contagio da SARS-CoV-2 nei luoghi di lavoro e strategie di prevenzione", adottato dal Comitato tecnico scientifico (CTS) e pubblicato dall'Inail nell'aprile 2020 (79) è composto da due parti; la prima riguarda la predisposizione di una metodologia innovativa di valutazione integrata del rischio che tiene in considerazione tre fattori: 1) il rischio di venire a contatto con fonti di contagio in occasione di lavoro; 2) la prossimità connessa ai processi lavorativi; 3) l'impatto connesso al rischio di aggregazione sociale anche verso "terzi".

La seconda parte si focalizza sull'adozione delle misure organizzative, di prevenzione e protezione, nonché di contrasto all'insorgenza di focolai epidemici, anche in considerazione di quanto già contenuto nel "Protocollo condiviso di regolamentazione delle misure per il contrasto e il contenimento della diffusione del virus Covid-19 negli ambienti di lavoro" stipulato tra Governo e Parti sociali il 14 marzo 2020 e costantemente aggiornato.

Il Documento per la valutazione del rischio da contagio da SARS-CoV-2 in occasione di lavoro realizzato dall'INAIL considera tre variabili: 1) Esposizione, definita come "la probabilità di venire in contatto con fonti di contagio nello svolgimento delle specifiche attività lavorative (es. settore sanitario, gestione dei rifiuti speciali, laboratori di ricerca, ecc.)"; 2) Prossimità, definita come "le caratteristiche intrinseche di svolgimento del lavoro che non permettono un sufficiente distanziamento sociale (es. specifici compiti in catene di montaggio) per parte del tempo di lavoro o per la quasi totalità"; e 3) Aggregazione, definita come "la tipologia di lavoro che prevede il contatto con altri soggetti oltre ai lavoratori dell'azienda (es. ristorazione, commercio al dettaglio, spettacolo, alberghiero, istruzione, ecc.)". L'esposizione è graduata secondo una scala che va da 0 (per esempio "lavoratore agricolo") a 4 (per esempio "operatore sanitario"). La prossimità è graduata da 0 ("lavoro effettuato da solo per quasi la totalità del tempo") a 4 ("lavoro effettuato in stretta prossimità con altri per la maggior parte del tempo, per esempio "studio dentistico").

La risultante del prodotto tra esposizione e prossimità viene corretta per il fattore riguardante l'aggregazione, che va da +1 ("presenza di terzi limitata o nulla") a +1.50 ("aggregazioni intrinseche controllabili con procedure in maniera molto limitata"). L'INAIL prevede per la scuola un fattore di aggregazione pari a 1.30 ("aggregazioni controllabili con procedure"). Il risultato finale determina l'attribuzione del livello di rischio con relativo colore per ciascun settore produttivo. Pertanto, secondo il Documento tecnico dell'INAIL, il settore scolastico è classificato con un livello pari a: "rischio integrato medio-basso" e "rischio di aggregazione medio-alto". Le misure di prevenzione e contrasto al contagio indicate dall'INAIL sono in generale classificate in: 1) misure organizzative; 2) misure di prevenzione e protezione; 3) misure specifiche per la prevenzione dell'attivazione di focolai epidemici (79).

Misure di prevenzione di tipo organizzativo

1) Gestione degli spazi (per esempio, distanziamento delle postazioni di lavoro e utilizzo di schermi separatori in plexiglass, turnazione e ventilazione continua negli spazi comuni, gestione degli ingressi e delle uscire dei lavoratori, limitzione degli spostamenti dei lavoratori nei locali, accesso controllato di clienti e fornitori, eliminazione delle riunioni in presenza.

2) Modifica dell'organizzazione e dell'orario di lavoro (per esempio, rimodulazione degli orari di lavoro, lavoro a distanza).

3) Informazione e formazione dei lavoratori mirata (caratteristiche: corretta comunicazione, percezione e gestione del rischio, ricorso a fonti affidabili).

Misure di prevenzione igienico-ambientali

1) Igiene e sanificazione dei locali

2) Uso di dispositivi di protezione individuale (FFP2, FFP3).

3) Sorveglianza sanitaria.

Misure specifiche per la prevenzione dei focolai epidemici

1) Controllo della temperature corporea per l'accesso ai locali di lavoro, gestione del lavoratore che presenta malessere sul luogo di lavoro (procedura di emergenza per isolamento del lavoratore, attivazione del numero verde fornito da Regione/ Ministero della Salute), collaborazione del medico competente con il Dipartimento di Prevenzione della ASL per attività di contact tracing ed attività di testing aziendale. L'informazione e formazione dei lavoratori deve essere mirata ad una corretta comunicazione, percezione e gestione del rischio, da garantire attraverso il ricorso a fonti affidabili. Le fonti affidabili per l'attività di informazione e formazione secondo l'INAIL sono le seguenti (79): Ministero della Salute, Istituto Superiore di Sanità, Istituto Nazionale per l'Assicurazione contro gli Infortuni sul Lavoro (INAIL), l'Organizzazione Mondiale della Sanità (OMS), il Centro Europeo per il Controllo e la Prevenzione delle Malattie (ECDC).

CAPITOLO 5. LA NORMATIVA ANTI COVID-19 DURANTE E DOPO L'EMERGENZA SANITARIA IN ITALIA

La normativa in vigore nel corso dell'emergenza sanitaria da COVID-19 In data 06/04/2021, dopo l'emanazione del DPCM 2 marzo 2021, il "Protocollo condiviso di aggiornamento delle misure per il contrasto ed il contenimento della diffusione del virus SARS-CoV-2/COVID-19 negli ambienti di lavoro" ha aggiornato (tranne che per alcuni settori come quello delle attività svolte nei cantieri e nei settori dei trasporti e della logistica) le precedenti versioni del protocollo del 14 marzo e del 24 aprile 2020.

La mancata attuazione delle prescrizioni contenute in tale protocollo prevedeva la sospensione dell'attività lavorativa fino al ripristino delle condizioni di sicurezza.

In tale protocollo il virus SARS-CoV-2 veniva definito agente biologico generico e venivano, pertanto, stabiliti obblighi di prevenzione per tutti i datori di lavoro, a prescindere dalla valutazione del rischio effettuata in ambito lavorativo ai sensi del D.Lgs 81/08.

Il protocollo, pertanto, prevedeva obblighi in riferimento all'informazione per lavoratori e clienti, la regolamentazione delle modalità di accesso in azienda dei lavoratori, clienti e fornitori esterni, la pulizia e la sanificazione degli ambienti di lavoro, le precauzioni igieniche personali, i dispositivi di protezione individuali, la gestione degli spazi comuni (mensa, spogliatoi, aree fumatori, distributori di bevande e/o snack..), l'organizzazione aziendale (turnazione, trasferte e smart work, rimodulazione dei livelli produttivi), la gestione dell'entrata e dell'uscita dei dipendenti, le procedure sugli spostamenti interni, le riunioni, gli eventi interni e la formazione, la gestione dei lavoratori sintomatici in azienda, l'attività di sorveglianza sanitaria del medico competente e l'attività dei rappresentanti dei lavoratori per la sicurezza.

I controlli sull'esecuzione di tali misure erano demandati al personale ispettivo dell'Ispettorato Nazionale del Lavoro (compresi i carabinieri del NIL) e delle Aziende Sanitarie Locali, essendo tali misure comunque ricondotte alle norme in materia di salute e sicurezza nei luoghi di lavoro.

Con Nota n.2181 del 09 aprile 2021, l'Ispettorato Nazionale del Lavoro aveva diffuso una check list per il controllo (SI/NO) delle procedure di prevenzione previste a carico del DdL. Tali misure, seppure non più vigenti con la fine dell'emergenza sanitaria potrebbero essere comunque attuabili dal datore di lavoro, una volta acquisite nel documento di valutazione del rischio e previa valutazione del rischio, effettuata dal DdL con la collaborazione del medico competente, del Responsabile del Servizio di Prevenzione e Protezione e previa consultazione dei rappresentanti per la sicurezza sul lavoro.

La normativa in vigore DOPO la fine dell'emergenza sanitaria da COVID-19 fino alla cessazione della pandemia (maggio 2023)

Il 31 gennaio 2020 era stato dichiarato lo stato di emergenza epidemiologica da COVID-19. Dopo essere stato prorogato diverse volte, esso è venuto a cessare il 31 marzo 2022. Con il Decreto Legge 24 marzo 2022 n.24, è stata evidenziata l'esigenza di superare lo stato di emergenza e sono state dettate le disposizioni necessarie alla progressiva ripresa di tutte le attività in via ordinaria, con la necessità di aggiornamento e revisione delle modalità di gestione dei casi di positività all'infezione da SARS-CoV-2 nel sistema educativo, scolastico e formativo.

Con tale Decreto, nonostante la "cessazione dello stato di emergenza", sono state rimarcate le esigenze di contrasto del diffondersi della pandemia da COVID-19. Per tale ragione, sono state indicate le tappe per il superamento dello stato di emergenza. All'articolo 2 del Decreto Legge è stata indicata la cessazione delle funzioni di diverse strutture dell'emergenza, tra cui il superamento del sistema delle zone colorate, l'eliminazione delle quarantene precauzionali ed altre modifiche su aspetti di sanità pubblica rilevanti nella lotta al COVID-19.

L'articolato del nuovo decreto legge ha previsto le disposizioni per favorire il rientro nell'ordinario in seguito alla cessazione dello stato di emergenza da COVID-19 (art.1), le misure urgenti connesse alla cessazione delle funzioni del Commissario straordinario per l'attuazione e il coordinamento delle misure di contenimento e contrasto dell'emergenza epidemiologica da COVID-19 (art. 2), la disciplina del potere di ordinanza del Ministro della salute in materia di ingressi nel territorio nazionale e per l'adozione di linee guida e protocolli connessi alla pandemia da COVID-19 (art. 3), l'isolamento e l'autosorveglianza (art.4), i dispositivi di protezione delle vie respiratorie, la graduale eliminazione del green pass base e di quello rafforzato, gli obblighi vaccinali, le nuove modalità di gestione dei casi di positività all'infezione da SARS-CoV-2 nel sistema educativo, scolastico e formativo, la proroga dei termini correlati alla pandemia da COVID-19, le sanzioni e i controlli, le disposizioni in materia di proroga delle Unità speciali di continuità assistenziale e di contratti in favore di medici specializzandi, la raccolta di dati per la sorveglianza integrata del SARS-CoV-2 e per il monitoraggio della situazione epidemiologica e delle condizioni di adeguatezza dei sistemi sanitari regionali.

Secondo l'articolo 3, dal 1 aprile 2022 e fino al 31 dicembre 2022, in relazione all'andamento epidemiologico il Ministero della Salute con propria ordinanza, di concerto con i Ministri competenti per materia o d'intesa con la Conferenza Permanente Stato Regioni, poteva adottare ed aggiornare linee guida e protocolli volti a regolare "lo svolgimento in sicurezza dei servizi e delle attività economiche, produttive e sociali".

L'articolo 10 (Proroga dei termini correlati alla pandemia da COVID-19) del DL 24/2022 indicava al comma 2 che "i termini previsti dalle disposizioni legislative di cui all'allegato B sono prorogati al 30 giugno 2022 e le relative disposizioni vengono attuate nei limiti delle risorse disponibili autorizzate a legislazione vigente".

Pertanto, sono state prorogate fino al 30 giugno 2022 le disposizioni in tema di lavoro agile semplificato o emergenziale, con riferimento a quanto predisposto ai due commi del decreto-legge 19 maggio 2020, che ne consentono il ricorso anche in assenza degli accordi individuali.

Per quanto riguarda l'obbligo delle mascherine, è stato reiterato fino al 30 aprile 2022 l'obbligo di usare i dispositivi di protezione individuale FFP2 negli ambienti al chiuso quali i mezzi di trasporto e nei luoghi dove si tengono spettacoli aperti al pubblico.

Nei luoghi di lavoro invece è stato ritenuto sufficiente indossare quali dispositivi di protezione delle vie respiratorie semplici mascherine chirurgiche. Tuttavia, il Protocollo condiviso di aggiornamento delle misure per il contrasto e il contenimento della diffusione del virus SARS-CoV-2/COVID-19 negli ambienti di lavoro del 30 giugno 2022 ha previsto nel merito delle modifiche.

Pertanto, sebbene i DPI per le vie respiratorie fossero obbligatori solo per alcuni settori (ad esempio, settori e sanità), il DdL doveva assicurare la disponibilità di FFP2 al fine di consentire a tutti i lavoratori il loro utilizzo, individuando con il medico competente, sulla base delle specifiche mansioni e delle condizioni di fragilità, i lavoratori che devono utilizzarli. Riportiamo adesso un excursus storico delle normative emergenziali in Italia, ai tempi della pandemia.

Il Protocollo condiviso di aggiornamento delle misure per il contrasto e il contenimento della diffusione del virus SARS-CoV-2/COVID-19 negli ambienti di lavoro (30 Giugno 2022)

Tale Protocollo nel ribadire che il virus SARS-CoV-2/COVID-19 è un rischio biologico generico, concetto molto semplificato che avrebbe meritato maggiore attenzione, riporta le misure di contrasto e di contenimento della diffusione del SARS-CoV-2/COVID-19 negli ambienti di lavoro già contenute nei Protocolli condivisi precedenti (in particolare quello del 14 marzo, del 24 aprile 2020 e del 6 aprile 2021). Il Protocollo è stato sviluppato anche con il contributo tecnico-scientifico dell'INAIL e ha considerato anche quanto previsto dalla Circolare n. 1/2022 per la Pubblica Amministrazione. Tale Circolare, avente come oggetto "Indicazioni sull'utilizzo dei dispositivi individuali di protezione delle vie respiratorie", è stata emanata dal Ministro per la Pubblica Amministrazione il 29 aprile 2022. Il protocollo condiviso del 30 giugno 2022 è stato realizzato, previa consultazione delle rappresentanze sindacali aziendali e sentito il medico competente. Le misure di prevenzione indicate hanno riguardato le seguenti aree: 1) Informazione; 2) Modalità di ingresso nei luoghi di lavoro; 3) Gestione degli appalti; 4) Pulizia e sanificazione in azienda, ricambio dell'aria; 5) Precauzioni igieniche personali; 6) Dispositivi di protezione delle vie respiratorie; 7) Gestione degli spazi comuni (mensa, spogliatoi, aree fumatori, distributori di bevande e/o snack); 8) Gestione entrata e uscita dei dipendenti; 9) Gestione di una persona sintomatica in azienda; 10) Sorveglianza sanitaria/Medico competente/RLS; 11) Lavoro agile; 12) Lavoratori fragili. Si riporta qui di seguito il contenuto di tale Protocollo per punti. Naturalmente, non è attualmente valido, ma alcune misure possono essere applicate, ove necessario e ove la valutazione del rischio lo richieda e lo consenta.

1)Informazione

Il datore di lavoro, attraverso le modalità più idonee ed efficaci, informa tutti i lavoratori e chiunque entri nel luogo di lavoro del rischio di contagio da COVID-19 e di una serie di misure precauzionali da adottare, fra le quali: - la consapevolezza e l'accettazione del fatto di non poter fare ingresso o di poter permanere in azienda e di doverlo dichiarare tempestivamente laddove, anche successivamente all'ingresso, sussistano i sintomi del COVID-19 (in particolare i sintomi di influenza, di alterazione della temperatura); - l'impegno a rispettare tutte le disposizioni delle Autorità sanitarie e del datore di lavoro nel fare accesso in azienda; - l'impegno a informare tempestivamente e responsabilmente il datore di lavoro della presenza di qualsiasi sintomo influenzale durante l'espletamento della prestazione lavorativa, avendo cura di rimanere ad adeguata distanza dalle persone presenti. Il datore di lavoro fornisce un'informazione adeguata sulla base delle mansioni e dei contesti lavorativi, con particolare riferimento al complesso delle misure adottate cui il personale deve attenersi in particolare sul corretto utilizzo dei Dispositivi di Protezione Individuale (DPI) per contribuire a prevenire ogni possibile forma di diffusione del contagio.

2) Modalità di ingresso nei luoghi di lavoro

Il personale, prima dell'accesso al luogo di lavoro potrà essere sottoposto al controllo della temperatura corporea. Se tale temperatura risulterà superiore a 37,5°C, non sarà consentito l'accesso ai luoghi di lavoro. Le persone in tale condizione – nel rispetto delle indicazioni riportate in nota – saranno momentaneamente isolate e fornite di mascherina FFP2 ove non ne fossero già dotate, non dovranno recarsi al Pronto Soccorso e/o nelle infermerie di sede, ma dovranno contattare nel più breve tempo possibile il proprio medico curante e seguire le sue indicazioni. La riammissione al lavoro dopo l'infezione da virus SARS-CoV-2/COVID-19 avverrà secondo le modalità previste dall'art. 4 del decreto legge 24 marzo 2022 n. 24 convertito in legge 19 maggio 2022 n. 52 e dalla circolare del Ministero della salute n. 19680 del 30 marzo 2022. Qualora, l'autorità sanitaria competente disponga misure aggiuntive specifiche, il datore di lavoro fornirà la massima collaborazione, anche attraverso il medico competente, ove presente.

3) Gestione degli appalti

In caso di lavoratori dipendenti da aziende terze che operano nello stesso sito produttivo (es. manutentori, fornitori, addetti alle pulizie o vigilanza, etc.) che risultassero positivi al tampone COVID-19, l'appaltatore dovrà informare immediatamente il committente, per il tramite del medico competente laddove presente. L'azienda committente è tenuta a dare, all'impresa appaltatrice, completa informativa dei contenuti del Protocollo aziendale e deve vigilare affinché i lavoratori della stessa o delle aziende terze che operano a qualunque titolo nel perimetro aziendale, ne rispettino integralmente le disposizioni.

4) Pulizia e sanificazione in azienda, ricambio dell'aria

Il datore di lavoro assicura la pulizia giornaliera e la sanificazione periodica dei locali, degli ambienti, delle postazioni di lavoro e delle aree comuni e di svago, in coerenza con la circolare del Ministero della salute n. 17644 del 22 maggio 2020 e con il Rapporto ISS COVID-19, n. 12/2021 "Raccomandazioni ad interim sulla sanificazione di strutture non sanitarie nell'attuale emergenza COVID-19: ambienti/superfici. Aggiornamento del

Rapporto ISS COVID-19 n. 25/2020. Versione del 20 maggio 2021".

Nel caso di presenza di una persona con COVID-19 all'interno dei locali aziendali, si procede alla pulizia e sanificazione dei medesimi, secondo le disposizioni della circolare del Ministero della salute n. 5443 del 22 febbraio 2020 nonché alla loro ventilazione. Occorre garantire la pulizia, a fine turno, e la sanificazione periodica di tastiere, schermi touch e mouse con adeguati detergenti, sia negli uffici che nei reparti produttivi, anche con riferimento alle attrezzature di lavoro di uso promiscuo. In tutti gli ambienti di lavoro vengono adottate misure che consentono il costante ricambio dell'aria, anche attraverso sistemi di ventilazione meccanica controllata.

5)Precauzioni igieniche personali

È obbligatorio che le persone presenti nel luogo di lavoro adottino tutte le precauzioni igieniche, in particolare per le mani. Il datore di lavoro mette a disposizione idonei e sufficienti mezzi detergenti e disinfettanti per le mani, accessibili a tutti i lavoratori anche grazie a specifici dispenser collocati in punti facilmente accessibili. È raccomandata la frequente pulizia delle mani, con acqua e sapone.

6)Dispositivi di protezione delle vie respiratorie

Fermi gli obblighi previsti dall'art. 10-quater del decreto legge 22 aprile 2021 n. 52 convertito con modificazioni dalle legge

17 giugno 2021 n. 87, come modificato dall'art. 11, comma 1, del decreto-legge 16 giugno 2022, n. 68, l'uso dei dispositivi di protezione delle vie respiratorie di tipo facciali filtranti FFP2, anche se attualmente obbligatorio solo in alcuni settori secondo la vigente disciplina legale, rimane un presidio importante per la tutela della salute dei lavoratori ai fini della prevenzione del contagio nei contesti di lavoro in ambienti chiusi e condivisi da più lavoratori o aperti al pubblico o dove comunque non sia possibile il distanziamento interpersonale di un metro per le specificità delle attività lavorative. A tal fine, il datore di lavoro assicura la disponibilità di FFP2 al fine di consentirne a tutti i lavoratori l'utilizzo. Inoltre, il datore di lavoro, su specifica indicazione del medico competente o del responsabile del servizio di prevenzione e protezione, sulla base delle specifiche mansioni e dei contesti lavorativi sopra richiamati, individua particolari gruppi di lavoratori ai quali fornire adeguati dispositivi di protezione individuali (FFP2), che dovranno essere indossati, avendo particolare attenzione ai soggetti fragili.

7) Gestione degli spazi comuni (mensa, spogliatoi, aree fumatori, distributori di bevande e/o snack)

L'accesso agli spazi comuni, comprese le mense aziendali, le aree fumatori e gli spogliatoi è contingentato, con la previsione di una ventilazione continua dei locali e di un tempo ridotto di sosta

COVID-19: COME PREVENIRE IL CONTAGIO NELLA SCUOLA

all'interno di tali spazi. Occorre provvedere all'organizzazione degli spazi e alla sanificazione degli spogliatoi, per lasciare nella disponibilità dei lavoratori luoghi per il deposito degli indumenti da lavoro e garantire loro idonee condizioni igieniche sanitarie. Occorre garantire la sanificazione periodica e la pulizia giornaliera, con appositi detergenti, dei locali delle mense, delle tastiere dei distributori di bevande e snack.

8) Gestione entrata ed uscita dei dipendenti

Si favoriscono orari di ingresso/uscita scaglionati in modo da evitare assembramenti nelle zone comuni (ingressi, spogliatoi, sale mensa). Laddove possibile, occorre dedicare una porta di entrata e una porta di uscita da questi locali e garantire la presenza di detergenti segnalati da apposite indicazioni.

9)Gestione di una persona sintomatica in azienda

Fermo quanto previsto dall'art. 4 del decreto legge 24 marzo 2022 n. 24 convertito in legge 19 maggio 2022 n. 52, nel caso in cui una persona presente nel luogo di lavoro sviluppi febbre (temperatura corporea superiore a 37,5° C) e sintomi di infezione respiratoria o simil-influenzali quali la tosse, lo deve dichiarare immediatamente al datore di lavoro o all'ufficio del personale e si dovrà procedere al suo isolamento in base alle disposizioni dell'autorità sanitaria. La persona sintomatica deve essere subito dotata – ove già non lo fosse – di mascherina FFP2.

10)Sorveglianza sanitaria/Medico competente/RLS

È necessario, pur nel rispetto delle misure igieniche raccomandate dal Ministero della salute e secondo quanto previsto dall'OMS, che la sorveglianza sanitaria sia volta al completo ripristino delle visite mediche previste, previa documentata valutazione del medico competente che tiene conto dell'andamento epidemiologico nel territorio di riferimento. La sorveglianza sanitaria oltre ad intercettare possibili casi e sintomi sospetti del contagio, rappresenta un'occasione sia di informazione e formazione che il medico competente può fornire ai lavoratori in particolare relativamente alle misure di prevenzione e protezione, ivi compresa la disponibilità di specifica profilassi vaccinale anti SARS-CoV-2/COVID-19 e sul corretto utilizzo dei DPI nei casi previsti. Il medico competente collabora con il datore di lavoro, il RSPP e le RLS/RLST nell'identificazione ed attuazione delle misure volte al contenimento del rischio di contagio da virus SARS-CoV-2/COVID-19. Il medico competente, ove presente, attua la sorveglianza sanitaria eccezionale ai sensi dell'articolo 83 del decreto-legge 19 maggio 2020, n. 34, convertito, con modificazioni, dalla legge 17 luglio 2020, n. 77, la cui disciplina è attualmente prorogata fino al 31 luglio 2022 ai sensi dell'art. 10 del decreto legge 24 marzo 2022 n. 24 convertito in legge 19 maggio 2022 n. 52, ai fini della tutela dei lavoratori fragili secondo le definizioni e modalità di cui alla circolare congiunta del Ministero della salute e del Ministero del lavoro e delle politiche sociali del 4 settembre 2020, nel rispetto della riservatezza. A tale citata circolare si rimanda relativamente alla modalità di attuazione della sorveglianza sanitaria eccezionale nei casi in cui non sia nominato il medico competente. La riammissione al lavoro dopo infezione da virus SARS-CoV-2/COVID-19 avverrà in osservanza delle indicazioni del precedente punto 2. Per il reintegro progressivo dei lavoratori già risultati positivi al tampone con ricovero ospedaliero, il MC effettuerà la visita medica prevista dall'articolo 41, comma 2, lett. e-ter del d.lgs. n. 81/2008 e successive modificazioni (visita medica precedente alla ripresa del lavoro a seguito di assenza per motivi di salute di durata superiore ai sessanta giorni continuativi), al fine di verificare l'idoneità alla mansione – anche per valutare profili specifici di rischiosità – indipendentemente dalla durata dell'assenza per malattia.

11) Lavoro agile

Pur nel mutato contesto e preso atto del venir meno dell'emergenza pandemica, si ritiene che il lavoro agile rappresenti, anche nella situazione attuale, uno strumento utile per contrastare la diffusione del contagio da Covid-19, soprattutto con riferimento ai lavoratori fragili, maggiormente esposti ai rischi derivanti dalla malattia. In questo senso, le Parti sociali, in coerenza con l'attuale quadro del rischio di contagio, manifestano l'auspicio che venga prorogata ulteriormente la possibilità di ricorrere allo strumento del lavoro agile emergenziale, disciplinato dall'art. 90, commi 3 e 4, del decreto-legge 19 maggio 2020, n. 34 convertito con modificazioni dalla legge 17 luglio 2020, n. 77.

12)Lavoratori fragili

Il datore di lavoro stabilisce, sentito il medico competente, specifiche misure prevenzionali e organizzative per i lavoratori fragili. Le Parti sociali auspicano che vengano prorogate ulteriormente le disposizioni in materia di tutele per i lavoratori fragili, da ultimo prorogate dall'art. 10, commi 1-bis e 1-ter del decreto-legge 24 marzo 2022, n. 24, convertito con modificazioni dalla Legge 19 maggio 2022, n. 52.

13)Aggiornamento del Protocollo

Sono costituiti nelle aziende i Comitati per l'applicazione e la verifica delle regole contenute nel presente Protocollo di regolamentazione, con la partecipazione delle rappresentanze sindacali aziendali e del RLS. Laddove, per la particolare tipologia di impresa e per il sistema delle relazioni sindacali, non si desse luogo alla costituzione di comitati aziendali, verrà istituito, un Comitato Territoriale composto dagli Organismi paritetici per la salute e la sicurezza, laddove costituiti, con il coinvolgimento degli RLST e dei rappresentanti delle Parti sociali. In mancanza di quanto previsto dai punti precedenti e per le finalità del presente Protocollo, potranno essere costituiti, a livello territoriale o settoriale, appositi comitati ad iniziativa dei soggetti firmatari, anche con il coinvolgimento delle autorità sanitarie locali e degli altri soggetti istituzionali coinvolti nelle iniziative per il contrasto della diffusione del virus SARS-CoV- 2/COVID-19. Le Parti si impegnano ad incontrarsi ove si registrino mutamenti dell'attuale quadro epidemiologico che richiedano una ridefinizione delle misure prevenzionali qui condivise e, comunque, entro il 31 ottobre 2022 per verificare l'aggiornamento delle medesime misure.

La normativa anti COVID-19 nella scuola, nel corso dell'emergenza sanitaria

Anno scolastico 2020-2021

Le prime misure per il contrasto dell'infezione da COVID-19 nella scuola per l'anno scolastico 2020-2021 sono state riportate nel Protocollo d'Intesa tra

Ministero dell'Istruzione e le Organizzazioni Sindacali del 06/08/2020 intitolato "Misure per il contrasto ed il contenimento della diffusione del virus COVID-19 nelle scuole del sistema nazionale di Istruzione". Tale documento evidenziava l'opportunità di svolgere test diagnostici per tutto il personale del sistema scolastico statale e paritario, incluso il personale supplente, in concomitanza con l'inizio delle attività didattiche e nel corso dell'anno, nonché di effettuare test a campione per la popolazione studentesca con cadenza periodica. I criteri adottati per l'esecuzione dei test sierologici erano i seguenti: 1) volontarietà di adesione al test; 2) gratuità del test sierologico per l'utenza; 3) svolgimento dei test presso le strutture di medicina di base e non presso le istituzioni scolastiche. Il Protocollo del 6 agosto 2020, inoltre, ribadiva l'importanza della fornitura di mascherine e gel disinfettanti per personale scolastico e studenti in condizione di lavoratore, nonchè degli ulteriori DPI previsti per i docenti di sostegno; la necessità di coinvolgere RSPP ed RLS per l'attuazione delle misure di prevenzione da inquadrare nell'ambito del processo di valutazione del rischio ai sensi del D.Lgs 81/08 e smi; l'informazione del personale scolastico, alunni, famiglie e visitatori sull'obbligo di restare al proprio domicilio se sintomatici (temperatura oltre i 37.5° o sintomi simil-influenzali), contattando il proprio medico curante e l'autorità sanitaria; l'obbligo di rispettare tutte le disposizioni delle autorità scolastiche (in particolare, il distanziamento e le norme igienico-sanitarie); la formazione in materia di didattica digitale integrata (DAD); l'obbligo da parte di tutti i lavoratori di informare il dirigente scolastico in modo tempestivo in presenza di qualsiasi sintomo influenzale. Il Protocollo prevedeva la possibilità di istituire una Commissione presieduta dal dirigente scolastico all'interno dell'istituto scolastico, oltre a disposizioni per gestire gli ingressi e le uscite, per la pulizia e l'igienizzazione di luoghi di lavoro ed attrezzature e per la gestione di spazi comuni e dei locali esterni. Inoltre, veniva evidenziata l'importanza del supporto psicologico per il personale scolastico e gli studenti, nonché l'attivazione della sorveglianza sanitaria con la nomina del medico competente.

Anno scolastico 2021-2022

Con il Decreto 6 agosto 2021 n.257, il Ministero dell'Istruzione ha adottato il Piano Scuola 2021-2022, anche denominato "Documento per la pianificazione delle attività scolastiche, educative e formative nelle istituzioni del Sistema nazionale di istruzione". Tale Piano, insieme al decreto legge n.111 recante le "Misure urgenti per l'esercizio in sicurezza delle attività scolastiche, universitarie, sociali e in materia di trasporti", hanno rappresentato il riferimento per lo svolgimento delle attività scolastiche ed educative in "presenza" ed "in sicurezza" per l'anno scolastico 2021-2022. Tale "rientro" in presenza, partiva dal presupposto di un necessario bilanciamento di diritti costituzionalmente tutelati (salute ed istruzione) e teneva in debito conto il miglioramento della situazione epidemiologica in Italia dovuto in gran parte alla campagna di vaccinazione di massa realizzata nel corso del 2021, oltre che l'esistenza dell'obbligo di "Green Pass" per insegnanti e lavoratori della scuola, la disponibilità di efficaci misure di controllo e di prevenzione, non trascurando i bisogni educativi e psicologici degli studenti che non erano stati pienamente soddisfatti dalla DAD. Pertanto, l'attività in presenza poteva essere sospesa solo per il tempo strettamente necessario quando le Regioni erano "in zona rossa o arancione o in circostanze di eccezionale e straordinaria necessità dovuta all'insorgenza di focolai o al rischio estremamente elevato di diffusione del virus SARS-CoV-2 o di sue varianti nella popolazione studentesca, nel rispetto dei principi di adeguatezza e proporzionalità". La DAD doveva essere attivata, inoltre, quando le autorità sanitarie competenti disponevano l'eventuale quarantena di gruppi classi o singoli alunni, senza tuttavia pregiudicare l'attività in presenza di "alunni con disabilità e con bisogni educativi speciali" o quando era necessario l'uso di laboratori. Nel Piano Scuola 2021-2022 venivano ribadite come necessarie alcune misure di sicurezza per la "scuola in presenza", tra cui l'obbligo di utilizzo dei DPI per le vie respiratorie, eccetto che per bambini di età inferiore a 6 anni, soggetti con patologie o disabilità incompatibili con il loro uso, o in caso di svolgimento di attività sportive; il rispetto della distanza interpersonale di almeno un metro; il divieto di accesso o di permanenza ai soggetti con sintomatologia respiratoria o temperatura corporea superiore a 37,5 ° (misurazione della temperatura a casa); l'obbligo di esibire la "certificazione verde COVID-19" da parte di tutto il personale scolastico (casi in cui veniva rilasciata: dopo 15 giorni dalla prima dose o dall'esecuzione del vaccino monodose; dopo aver completato il ciclo vaccinale; dopo essere risultati negativi a un tampone molecolare o rapido nelle 48 ore precedenti; in caso di guarigione dal COVID-19 nei 6 mesi precedenti). Il possesso della certificazione verde doveva essere controllato dal DdL per mezzo di personale scolastico con un applicativo gratuito e prevedeva in caso di sua assenza una sanzione amministrativa con il pagamento di una somma in denaro insieme alla sanzione sul rapporto di lavoro, quale violazione ("assenza ingiustificata" e, a decorrere dal quinto giorno, sospensione senza stipendio con riammissione in servizio consentita dopo acquisizione di certificazione verde). La Circolare del Ministero della Salute n.35309 del 4 agosto 2021 prevedeva che la vaccinazione anti SARS-CoV-2 potesse essere omessa o differita in ragione di specifiche e documentate condizioni cliniche che la controindicavano in modo permanente o temporanea.

Anno scolastico 2022-2023

Nel corso del 2022, grazie all'elevata copertura vaccinale raggiunta sia in termini di ciclo di base che di dosi booster, l'impatto sulle strutture sanitarie dei soggetti con COVID-19 si è mantenuto contenuto, nonostante la circolazione di una variante altamente trasmissibile come Omicron e relativi sottolignaggi. In ambito comunitario, inoltre, è stato attuato un progressivo passaggio da una strategia di controllo dell'infezione da SARS-CoV-2, incentrata sul tentativo di interrompere per quanto possibile le catene di trasmissione del virus, ad una strategia di mitigazione finalizzata a contenere l'impatto negativo dell'epidemia sulla salute pubblica. Per tale ragione, è stata sospesa la quarantena dei contatti stretti di casi COVID-19 ed è stato progressivamente eliminato l'obbligo di utilizzo delle mascherine nella maggior parte dei luoghi pubblici. La scuola rappresentava, tuttavia, ancora un setting critico, in quanto la circolazione di un virus a caratteristiche pandemiche ha richiesto particolare attenzione a causa dell'elevata possibilità di trasmissione negli ambienti comunitari. Mentre negli anni scolastici precedenti (2019- 2020 e 2020-2021) era stato necessario ricorrere in larga misura alla didattica a distanza, nel tentativo di controllare la trasmissione del virus negli studenti e nei loro familiari, per l'anno scolastico 2021-2022 vengono attuate misure di controllo finalizzate a garantire, per quanto possibile, le attività didattiche in presenza grazie alle coperture vaccinali in progressivo aumento e al miglioramento del quadro epidemiologico e delle terapie messe a punto. Sebbene la situazione epidemiologica nel 2022 fosse diversa da quella del 2021 e si caratterizzasse per un impatto clinico dell'epidemia contenuto, attribuibile all'aumento progressivo dell'immunità indotta da vaccinazione/pregressa infezione e alle caratteristiche della variante Omicron (con quadri di infezioni meno severi dei precedenti), la ripresa delle attività scolastiche 2022-2023 avveniva ancora nel segno dell'incertezza. Per tale ragione, l'Istituto Superiore di Sanità metteva a punto per gli istituti scolastici un'azione di "preparedness e readiness", basata sull'opportunità di graduare la risposta degli Istituti Scolastici in base all'eventuale aumento della circolazione virale o alla comparsa di nuove varianti in grado di determinare forme gravi di malattia. I fattori da considerare per la messa a punto delle misure di prevenzione e protezione da attuare erano i seguenti: 1) intensità della circolazione virale; 2) caratteristiche delle varianti virali circolanti; 3) forme cliniche di malattia in età scolare; 4) copertura vaccinale anti COVID-19 e grado di protezione nei confronti delle infezioni, delle forme severe di malattia e dei decessi conferito dalle vaccinazioni e dalle pregresse infezioni; infine, 5) la necessità di proteggere soggetti fragili a maggior rischio di malattia severa. Tali interventi di mitigazione e controllo sono stati previsti a livello locale nell'ambito del processo di valutazione del rischio previsto dalla normativa in materia di salute e sicurezza nei luoghi di lavoro (D.Lgs 81/08). Ad agosto 2022, prima di iniziare l'anno scolastico 2022-2023, erano state individuate misure standard di prevenzione per garantire in sicurezza l'inizio dell'anno scolastico con possibili ulteriori interventi da modulare progressivamente in base alla valutazione del rischio, prevedendo un'adeguata preparazione degli istituti scolastici per rendere possibile un'attivazione rapida delle misure al bisogno. Interventi aggiuntivi, infine, erano da prendere in considerazione sulla base del contesto epidemiologico locale. Tra le varie indicazioni, la necessità di proteggere gli alunni con fragilità, in collaborazione con le strutture sociosanitarie, la medicina di base (ovvero i pediatri di libera scelta ed i medici di medicina generale), le famiglie e le associazioni di riferimento. Per i bambini a rischio di sviluppare forme severe di COVID-19, tra le misure non farmacologiche di prevenzione di base, anche l'utilizzo di dispositivi di protezione delle vie respiratorie FFP2 oltre che strategie di prevenzione personalizzate in base al profilo di rischio individuale.

Le misure di prevenzione e di protezione

Le misure di prevenzione e protezione per il rischio derivante dal virus SARS-CoV-2 nella scuola, sono state individuate nel *"Documento per la pianificazione delle attività scolastiche, educative e formative in tutte le Istituzioni del Sistema nazionale di Istruzione"* (*"Piano Scuola 2020-2021"*), adottato con Decreto del Ministero dell'Istruzione n. 39 del 26/06/2020. Tali misure rappresentano le misure specifiche di riferimento per la prevenzione dell'infezione da COVID-19 negli ambienti scolastici e integrano quelle generali per tutti gli ambienti di lavoro già previste dal Protocollo del 24 aprile 2020. Il Comitato tecnico scientifico, attraverso il documento approvato per le misure di contenimento del contagio dal virus SARS-CoV-2 nelle scuole di ogni settore e ogni ordine e grado per la riapertura scolastica (anno 2020-2021), ha indicato tre principi cardine per il contenimento di eventuali focolai epidemici: 1) il distanziamento sociale (mantenere una distanza interpersonale non inferiore al metro); 2) la rigorosa igiene delle mani, personale e degli ambienti;

3) la capacità di controllo e risposta dei servizi sanitari della sanità pubblica territoriale e ospedaliera.

Le misure di contrasto alla diffusione dell'infezione da COVID-19 da adottare nella scuola sono le seguenti:

1) *Costituzione del Comitato scolastico anti COVID-19*

2) *Nomina del referente scolastico COVID*

3) *Integrazione del DVR con le procedure anti COVID-19*

4) *Informazione e formazione specifica del referente scolastico COVID e degli altri operatori scolastici sul rischio biologico da SARS-CoV-2*

5) *Informazione dei genitori e degli alunni attraverso il Patto di corresponsabilità scuola-famiglia*

6) *Adozione misure organizzative, tecniche e procedurali di prevenzione (controllo temperatura corporea/autocertificazione all'ingresso, procedura per ingressi ed uscite, modifica lay out e gestione spazi comuni con distanziamento sociale ed incremento della ventilazione naturale, procedure per la gestione mensa, attività di sanificazione negli ambienti di lavoro, consegna e controllo dell'utilizzo dei Dispositivi di Protezione Individuale per alunni e lavoratori, procedura per la gestione dei casi sospetti)*

7) *Nomina medico competente (sorveglianza sanitaria eccezionale con visite mediche a richiesta per soggetti fragili,*

visite mediche per rientro al lavoro di ex COVID-19 che hanno subito un ricovero ospedaliero o per più di 60 giorni consecutivi di assenza, collaborazione alla valutazione del rischio, campagne di prevenzione con test sierologici e tamponi antigenici, collaborazione con il Dipartimento di Prevenzione della ASL per l'attività di "contact tracing", collaborazione per l'attività di vaccinazione).

    8) Informazione e supporto psicologico ad alunni e lavoratori

Come indicato dal Protocollo del 6 agosto 2020 (*"Disposizioni relative alla gestione di una persona sintomatica all'interno dell'Istituto Scolastico"*), che rimandano al precedente *"Protocollo condiviso di regolamentazione delle misure per il contrasto e il contenimento della diffusione del virus COVID-19 negli ambienti di lavoro"* del 24 aprile 2020 (punto 11 - Gestione di una persona sintomatica in azienda) dove veniva individuata la procedura da adottare nel contesto scolastico in caso di persona "presente" a scuola con febbre e/o sintomi di infezione respiratoria quale, per esempio, la tosse e nel Rapporto ISS n.58/2020 del 21 agosto 2020 *"Indicazioni operative per la gestione di casi e focolai di SARS-CoV-2 nelle scuole e nei servizi educativi dell'infanzia"*, le misure di prevenzione che il dirigente scolastico deve realizzare sono le seguenti:

    1)   Identificare i referenti scolastici per COVID-19

adeguatamente formati sulle procedure da seguire.

2)   Identificare i referenti per l'ambito scolastico all'interno del Dipartimento di Prevenzione (DdP) della ASL competente territorialmente.

3)   Istituire e tenere un registro degli alunni e del personale di ciascun gruppo classe e di ogni contatto che, almeno nell'ambito didattico e al di là della normale programmazione, possa intercorrere tra gli alunni e il personale di classi diverse (per esempio, registrare le supplenze, gli spostamenti provvisori e/o eccezionali di studenti fra le classi etc.) per facilitare l'identificazione dei contatti stretti da parte del DdP della ASL competente territorialmente.

4)   Richiedere con il patto di corresponsabilità ai genitori di collaborazione per ricevere tempestiva comunicazione di eventuali assenze per motivi sanitari in modo da rilevare eventuali cluster di assenze nella stessa classe.

5)   Richiedere con il patto di corresponsabilità alle famiglie e (attraverso una informativa specifica) agli operatori scolastici di comunicare immediatamente al dirigente scolastico e al referente scolastico per COVID-19 quando un alunno o un componente del personale risultassero contatti stretti di un caso confermato COVID-19.

6)   Stabilire con il DdP un protocollo nel rispetto della privacy, per avvisare i genitori degli studenti contatti stretti; particolare attenzione deve essere posta alla privacy non diffondendo nell'ambito scolastico alcun elenco di contatti stretti o di dati sensibili nel rispetto della GDPR 2016/679 EU e alle prescrizioni del garante (D.lgs 10 agosto 2018, n 101) ma fornendo le opportune informazioni solo al DdP. Questo avrà anche il compito di informare, in collaborazione con il dirigente scolastico, le famiglie dei bambini/ studenti individuati come contatti stretti ed eventualmente predisporre una informativa per gli utenti e lo staff della scuola.

7)   Comunicare in modo adeguato la necessità, per gli alunni e il personale scolastico, di rimanere presso il proprio domicilio, contattando il proprio pediatra di libera scelta o medico di famiglia, in caso di sintomatologia e/ o temperatura corporea superiore a 37,5 °C. Si riportano di seguito i sintomi più comuni di COVID-19 nei bambini: febbre, tosse, cefalea, sintomi gastrointestinali (nausea/ vomito, diarrea), faringodinia, dispnea, mialgie, rinorrea/ congestione nasale; sintomi più comuni nella popolazione generale: febbre, brividi, tosse, difficoltà respiratorie, perdita improvvisa dell'olfatto (anosmia) o diminuzione dell'olfatto (iposmia), perdita del gusto (ageusia) o alterazione del

gusto (disgeusia), rinorrea/congestione nasale, faringodinia, diarrea (ECDC, 31 luglio 2020).

8)   Informare e sensibilizzare il personale scolastico sull'importanza di individuare precocemente eventuali segni/sintomi e comunicarli tempestivamente al referente scolastico per COVID-19.

9)   Stabilire procedure definite per gestire gli alunni e il personale scolastico che manifestano sintomi mentre sono a scuola, che prevedono il rientro al proprio domicilio il prima possibile, mantenendoli separati dagli altri e fornendo loro la necessaria assistenza utilizzando appositi DPI.

10)   Identificare un ambiente dedicato all'accoglienza e isolamento di eventuali persone che dovessero manifestare una sintomatologia compatibile con COVID-19 (senza creare allarmismi o stigmatizzazione). I minori non devono restare da soli ma con un adulto munito di DPI fino a quando non saranno affidati a un genitore/tutore legale.

11)   Prevedere un piano di sanificazione straordinaria per l'area di isolamento e per i luoghi frequentati dall'alunno/ componente del personale scolastico sintomatici.

12)   Condividere le procedure e le informazioni con il personale scolastico, i genitori e gli alunni e provvedere alla

formazione del personale.

13)   Predisporre nel piano scolastico per Didattica Digitale Integrata (DDI), previsto dalle Linee Guida, le specifiche modalità di attivazione nei casi di necessità di contenimento del contagio, nonché qualora si rendesse necessario sospendere nuovamente le attività didattiche in presenza a causa delle condizioni epidemiologiche contingenti.

CAPITOLO 6. IL COVID-19 OGGI IN ITALIA E LE NOVITÀ PER L'ANNO SCOLASTICO 2023-2024

Il COVID-19 in Italia oggi (al settembre 2023)

La preoccupazione principale dell'Organizzazione Mondiale della Sanità (OMS) riguarda l'aumento dei casi in vista della stagione invernale e il basso tasso di vaccinazione tra le persone a rischio. Secondo i dati recenti del Ministero della Salute e dell'Istututo Superiore di Sanità, l'Italia ha visto un incremento dei casi di COVID-19, passando da 14.866 a 21.309 in una settimana (ultimo aggiornamento in data 10 settembre 2023).

Il numero di tamponi effettuati è anche aumentato, e l'incidenza è in aumento in tutte le età. La nota preoccupante è che i contagi sono quadruplicati da luglio 2023 e la percentuale di positività al test è ora al 12,6%.

Il Ministero della Salute ha rilasciato una nuova Circolare che prescrive test non solo per il SARS-CoV-2, ma anche per altri virus. La Federazione degli Oncologi, Cardiologi e Ematologi ha elogiato questa circolare, sottolineando l'importanza di proteggere le persone fragili.

La Regione Lombardia, precedentemente, aveva emesso una circolare simile, enfatizzando l'importanza di utilizzare le mascherine in ospedali e residenza sanitarie.

Secondo gli esperti, la pandemia può considerarsi ad oggi conclusa e la gestione del COVID-19 diventerebbe simile a quella dell'influenza stagionale. Tuttavia, la sorveglianza continua è cruciale, da momento che i pazienti fragili potrebbero necessitare di cure ospedaliere in determinate circostanze.

La variante Eris (EG.5), collegata all'Omicron, è attualmente dominante in Italia. Nonostante ciò, non sembra causare sintomi più gravi rispetto ad altre varianti. Questa variante tende a mostrare sintomi simili a un comune raffreddore. Attualmente, non vi sono restrizioni severe per le persone positive: la quarantena è stata abolita e il tampone non è più obbligatorio.

Tuttavia, è consigliato indossare una maschera, soprattutto vicino alle persone fragili. L'obbligo di maschera persiste ad oggi (10 settembre 2023) solo in alcuni ambienti ospedalieri e nelle RSA.

Nonostante non vi sia più l'obbligo per il personale sanitario (o altre categorie di lavoratori come gli insegnanti ovviamente) di vaccinarsi, il Ministero della Salute raccomanda la vaccinazione. In particolare, è stata consigliata l'adesione alla prossima campagna vaccinale per gli over 60 (anziani) e i soggetti fragili, ovvero i soggetti affetti da particolari malattie che aumentano la probabilità di un decorso severo della patologia COVID-19.

Le recenti normative sul COVID-19 in Italia

In risposta alla recente pubblicazione del DECRETO-LEGGE 10 agosto 2023, n. 105 in GU Serie Generale n.186 del 10-08-2023, che riguarda varie disposizioni, tra cui le misure preventive legate alla diffusione del SARS-CoV-2, sono stati effettuati degli aggiornamenti riguardo alle procedure di isolamento e autosorveglianza. Queste modifiche tengono conto dell'attuale situazione epidemiologica e dell'evoluzione clinica dei casi di COVID-19. Il decreto ha reso note alcune modifiche chiave, come l'abolizione degli obblighi in materia di isolamento e autosorveglianza. Si evidenziano di seguito le nuove indicazioni per la prevenzione della trasmissione del virus, previste dalla Circolare del Ministero della Salute 0025613 dell'11 agosto 2023.

1. Per le persone con diagnosi confermata di COVID-19:

• Isolamento: Non è più necessario sottoporsi all'isolamento se si è positivi al test diagnostico per SARS-CoV-2. • Precauzioni generali: Nonostante l'abolizione dell'isolamento, le precauzioni standard per la prevenzione delle infezioni respiratorie rimangono valide.

•Raccomandazioni specifiche: Indossare mascherine chirurgiche o FFP2, rimanere a casa se sintomatici, mantenere un'igiene delle mani appropriata, evitare luoghi affollati, evitare il contatto con individui a rischio come persone fragili, donne incinte, ecc., e informare chiunque si sia avuto un contatto in caso di positività.

•In caso di sintomi: Si dovrebbe contattare il medico di famiglia in caso di sintomi persistenti o di aggravamento delle condizioni.

• Ricoverati o ospiti RSA: Le procedure rimangono le stesse come stabilite precedentemente.

2. Per le persone che sono venute in contatto con casi di COVID-19:

• Misure restrittive: Non sono applicate misure restrittive specifiche.

•Precauzioni: È importante prestare attenzione alla comparsa di sintomi tipici del COVID-19 e, durante tale periodo, evitare il contatto con individui a rischio.

· Test: In caso di sintomi, è consigliato effettuare un test, antigenico o molecolare, per il SARS-CoV-2.

In sintesi, mentre le rigide misure di isolamento sono state eliminate, le precauzioni generali e la consapevolezza rimangono essenziali per gestire e prevenire la diffusione del virus.

Linee Guida per i Test diagnostici di SARS-CoV-2 nelle strutture mediche e socio-sanitarie (Circolare del Ministero della Salute n 27648 dell'08 settembre 2023)

Valutando l'attuale scenario clinico-epidemiologico e prendendo spunto da riferimenti sia nazionali che internazionali, emergono alcune raccomandazioni uniformi a livello nazionale per i test diagnostici relativi al SARS-CoV-2.

Naturalmente, la direzione sanitaria ha la discrezione di adottare ulteriori misure preventive, se ritenute necessarie.

1. Test in Pronto Soccorso e durante il ricovero:

· Pazienti asintomatici: Non è necessario eseguire il test per SARS-CoV-2 a pazienti che non manifestano sintomi associati a COVID-19 al momento del triage.

·Pazienti sintomatici: È consigliato eseguire il test diagnostico per chi mostra sintomi compatibili con la malattia. Oltre al test per SARS-CoV-2, potrebbe essere utile testare per la presenza di altri virus come influenza A e B, VRS, Adenovirus e altri.

•Pazienti con esposizione recente: I pazienti che hanno avuto contatti stretti con un caso confermato di COVID-19 negli ultimi 5 giorni dovrebbero sottoporsi al test.

• Pazienti in ricovero o trasferimento in ambienti ad alto rischio: Anche se asintomatici, è consigliato il test per coloro che devono essere ricoverati o trasferiti in reparti con pazienti a rischio, come quelli immunocompromessi.

Test nelle strutture residenziali e socio-sanitarie

Gli individui in entrata o trasferimento in strutture residenziali dove ci sono persone ad alto rischio dovrebbero eseguire il test per SARS-CoV-2 prima dell'ingresso.

Misure preventive e igieniche

Seguendo le ordinanze e le circolari menzionate, è fondamentale aderire alle misure igieniche e di protezione per ridurre la diffusione dei virus respiratori.

Visitatori e accompagnatori sintomatici

Chi presenta sintomi compatibili con COVID-19 dovrebbe evitare l'accesso alle strutture.

Operatori sanitari sintomatici

Dovrebbero evitare l'ingresso in ambienti dove si trovano pazienti a rischio se presentano sintomi di COVID-19. Queste linee guida servono come riferimento generale, ma le strutture sanitarie possono adottare misure aggiuntive basate sulle loro specifiche esigenze e circostanze.

Normative e linee guida da applicare negli ambienti scolastici ed educativi al settembre 2023

Il Ministero dell'Educazione e dello Sviluppo non ha fornito alcuna direttiva specifica. A questo punto, le norme restrittive legate alla pandemia non sono più in vigore nelle istituzioni educative o in qualsiasi altro ambiente. Pertanto, non esistono linee guida particolari relative al comportamento da adottare nelle scuole in presenza di individui che mostrano sintomi collegati al Sars-CoV-2 o che risultano positivi al virus. Non sono state fornite direttive chiare su come identificare o informare i "contatti ravvicinati" o come proteggere gli studenti e il personale a rischio di sviluppare gravi complicazioni da COVID-19. Il 10 agosto è stato emesso un decreto, apparso sul Bollettino Ufficiale, che cancella gli "obblighi relativi all'isolamento e all'auto-monitoraggio, e modifica il sistema di monitoraggio dell'epidemia causata dalla diffusione del virus SARSCoV2". Subito dopo, l'11 agosto, il Ministero della Sanità ha diramato una comunicazione.

Pur tenendo conto del nuovo scenario normativo che rimuove

molte restrizioni, fornisce comunque dei suggerimenti su come un individuo dovrebbe comportarsi in caso di infezione da covid. Molte istituzioni educative fanno riferimento alla comunicazione del Ministero della Sanità dell'11 agosto.

Il documento sottolinea che chi risulta positivo ai test non è più obbligato all'isolamento.

Tuttavia, è ancora raccomandato:

•Usare maschere protettive quando si interagisce con altri.

•Se si hanno sintomi, è meglio rimanere a casa fino alla loro scomparsa.

• Mantenere un'igiene delle mani rigorosa.

•Evitare luoghi affollati.

•Astenersi dal contatto con individui vulnerabili, donne incinte e dal visitare ospedali o residenze sanitarie. Questa precauzione è particolarmente importante per il personale medico e socio-sanitario.

•Informare chiunque si sia avuto contatto nei giorni prima della diagnosi, se sono persone anziane o vulnerabili.

•Se si è vulnerabili o se i sintomi persistono per più di tre giorni, è consigliato contattare il medico di famiglia.

Durante l'anno scolastico 2022/23, l'essere positivi al COVID-19 veniva considerato alla stregua di un ricovero ospedaliero, quindi senza decurtazioni salariali. Con la revoca dell'obbligo di isolamento, questa prerogativa cambierà?

Secondo la nostra analisi, la risposta è no. Per coloro che sono venuti in contatto con casi positivi, non vengono imposte restrizioni. Tuttavia, è sempre buona norma monitorare l'insorgenza di sintomi come febbre, tosse o stanchezza. In tali circostanze, si consiglia di evitare il contatto con individui vulnerabili o donne in gravidanza.

BIBLIOGRAFIA

1)   Magnavita N, Sacco A, Chirico F. Covid-19 pandemic in Italy: Pros and cons. Zdrowie Publiczne i Zarządzanie. 2020;16(4):32–35.
2)   Chirico F, Sacco A, Nucera G, Magnavita N. Coronavirus disease 2019: the second wave in Italy. J Health Res. February 2021 (ahead-of-print). Doi: 10.1108/JHR-10-2020-0514.
3)   Chirico F. The role of Health Surveillance for the SARS-CoV-2 Risk Assessment in the Schools. J Occup Environ Med. February 2021 (ahead-of-print). Doi: 10.1097/ JOM.0000000000002170.
4)   Chirico F. Il rischio biologico nella scuola. Milano: Edizioni FS, 2020.
5)   UNESCO. Giornata Internazionale dell'Educazione. 25 gennaio 2021. Scaricabile dal sito: Giornata internazionale dell'educazione 25 gennaio 2021 | News Unesco
6)   Ministero della Salute. Vaccinazione anti-SARS-CoV-2/COVID-19 Raccomandazioni ad interim sui gruppi target della vaccinazione anti-SARS-CoV-2/ COVID-19. Febbraio 2021. Scaricabile dal sito: C_17_pubblicazioni_3014_allegato.pdf (salute.gov.it).
7)   Hu B, Guo H, Zhou P, Shi ZL. Characteristics of SARS-CoV-2 and COVID-19. Nat Rev Microbiol. 2021 Mar;19(3):141-154. doi: 10.1038/s41579-020-00459-7. Epub 2020 Oct 6.
8)   Madigan LM, Micheletti RG, Shinkai K. How dermatologists can learn and contribute at the leading edge of the COVID-19 global pandemic. JAMA Dermatol. 2020;156(7):733-734.
9)   Baig AM. Naurological manifestations in COVID-19 caused by SARS-CoV-2. CNS Neuroscience & Terapeutics.

2020;26(5):499-501.

10) Varga Z, Flammer AJ, Steiger P, Haberecker M, Andermatt R, Zinkernagel AS. Endothelial cell infection and endotheliitis in COVID-19. Lancet. 2020;395(10234):P1417-1418.

11) The NEJM. Multiorgan and renal tropism of SARS-CoV-2. N Engl J Med. 2020;383:590-592.

12) Chirico F, Nucera G, Magnavita N. Estimating case fatality ratio during COVID-19 epidemics: Pitfalls and alternatives. J Infect Dev Ctries. 2020;14(5):438-439. Published 2020 May 31. doi:10.3855/jidc.12787.

13) He X, Lau EHY, Wu P et al. temporal dynamics in viral shedding and transmissibility of COVID-19. Nat Med. 2020;26:672-675.

14) Oran DP, Topol EJ. Prevalence of asymptomatic SARS-CoV-2 Infection. Annals Intern Med. 2020. doi:10.7326/M20-3012.

15) Chirico F, Sacco A, Bragazzi NL, Magnavita N. Can Air-Conditioning Systems Contribute to the Spread of SARS/MERS/COVID-19 infection? Insights from a Rapid Review of the Literature. Int J Environ Res Public Health. 2020, 17(17), 6052; https://doi.org/10.3390/ijerph17176052

16) Awadasseid A, Wu Y, Tanaka Y, Zhang W. Current advances in the development of SARS-CoV-2 vaccines. Int J Biol Sci. 2021 Jan 1;17(1):8-19. doi: 10.7150/ijbs.52569.

17) Dawdood FS, Iuliano AD, Reed C, et al. Estimated global mortality associated with the first 12 months of 2009 pandemic influenza A H1N1 virus circulation: a modelling study. Lancet Infect Dis. 2012;12(9):687-695.

18) Patersen E, Koopmans M, Go U, et al. Comparing SARS-CoV-2 with SARS-CoV and influenza pandemics. Lancet Infect Dis. 2020;20(9):e238-e244.

19) Muscatello DJ, McIntyre PB. Comparing mortalities of the first wave of coronavirus disease 2019 (COVID-19) and of the 1918-19 winter pandemic influenza wave in the USA. Int J Epidemiol. 2020 Sep 15:dyaa186.

20) Goshuua P, Pine AB, Meizlish ML, et al. Endotheliopathy in COVID-19 associated coagulopathy: evidence from a

single-centre, cross sectional study. Lancet Haematol. 2020;7(8):e575-e582.

21) Grasselli G, Greco M, Zanella A, et al. Risk factors associated with mortality among patients with COVID-19 in intensive care units in Lombardy, Italy. JAMA Intern Med. 2020;180(10):1345-1355.

22) Stokes EK, Zambrano LD, Anderson KN, et al. Coronavirus Disease 2019 Case Surveillance-United States, January 22-May 30, 2020. MMWR Morb Mortal Wkly Rep. 2020;60(24):759-765.

23) McCarty TR, Hathorn KE, Redd WD, et al. How do presenting symptoms and outcomes differ by race/ethnicity among hospitalized patients with COVID-19 infection? Experiencein Massachusetts. Clin Infect Dis. 2020 Aug 22:ciaa1245.

24) Lockhart SM, O'Rahilly S. When two pandemics meet: Why is obesity associated with increased COVID-19 mortality? Med (NY). 2020 Jun 29.

25) Guan WJ, Ni ZY, Hu Y, et al. Clinical characteristics of Coronavirus Diseases 2019 in China. N Engl J Med. 2020 Feb 28.

26) Mancia G,Rea F, Ludergnani M, Apolone G, Corrao G. Renin-Angiotensin-Aldosterone System Blockers and the Risk of COVID-19. N Engl J Med. 2020 May 01.

27) Chirico F, Ferrari G. Il burnout nella scuola. Milano: Edizioni FS; 2014.

28) INAIL, CONTARP. Linee Guida "Il monitoraggio microbiologico negli ambienti di lavoro. Campionamento e analisi". Roma: INAIL, 2010.

29) GARD ITALY. "La qualità dell'aria nelle scuole e rischi per malattie respiratorie e allergiche. Quadro conoscitivo sulla situazione italiana e strategie di prevenzione". Gruppo di Lavoro GARD-I Progetto n°1 "Programma di prevenzione per le scuole dei rischi indoor per malattie respiratorie e allergiche", gennaio 2013. Consultato in data 05/09/2020. Disponibile al sito: www.salute.gov/.

30) INAIL. Manuale "Sicurezza e Benessere nelle scuole. Indagine sulla qualità dell'aria e sull'ergonomia". Roma: INAIL; 2015.

31) INAIL, CONTARP. Allergeni indoor della polvere negli uffici. Campionamento e analisi. Roma: INAIL; 2003.

32) INAIL. Il rischio biologico nei luoghi di lavoro. Schede tecnico-informative. INAIL; 2011. Consultato in data 05/09/2020. Disponibile al sito: https://www.inail.it/cs/internet/docs/scheda_scuole_pdf.pdf?section=attivita.

33) INAIL, Ministero dell'Istruzione, dell'Università e della Ricerca. "Gestione del sistema sicurezza e cultura della prevenzione nella scuola" a cura di L. Bellina, A. Cesco Frare, S. Garzi, D. Marcolina. Roma: Edizione INAIL; 2013.

34) D'Apotw M, Oleotti A. Manuale per l'applicazione del D.Lgs 81/2008. Roma: EPC Editore; 2020.

35) Chirico F, Magnavita N. The Crucial Role of Occupational Health Surveillance for Health-care Workers During the COVID-19 Pandemic. Workplace Health & Safety. 2021;69(1):5-6. doi:10.1177/2165079920950161

36) INAIL. Dipartimento di medicina, epidemiologia, igiene del lavoro e ambientale. "Documento tecnico sulla possibile rimodulazione delle misure di contenimento del contagio da SARS-CoV-2 nei luoghi di lavoro e strategie di prevenzione". Aprile 2020. Consultato in data 05/09/2020. Disponibile al sito: https://www.inail.it/cs/internet/docs/alg-pubbl-rimodulazione-contenimento-covid19-sicurezza-lavoro.pdf. 20.

37) Protocollo di sicurezza per la ripresa dei servizi educativi e delle scuole dell'infanzia. C_17_pubblicazioni_2944_allegato.pdf (salute.gov.it).

38) ANMA. COVID-19: misurazione della temperatura corporea all'accesso al luogo di lavoro. Disponibile al sito: COVID-19-Misurazione-temperatura.pdf (anma.it).

39) Il Garante della Privacy. FAQ. *"Trattamento dei dati nel contesto lavorativo pubblico e privato nell'ambito dell'emergenza sanitaria"*. Disponibile al sito: Faq coronavirus - Garante

Privacy.

40) Ministero della Salute. "Mascherine, le norme tecniche per la produzione". Consultato in data 06/09/2020. Disponibile al sito: http://www.salute.gov.it/portale/news/p3_2_1_1_1.jsp?menu=notizie&id=4361

41) AIDII e Gruppo di Ricerca Risk Assessment and Human Health. "COVID-19 – Chiarimenti sull'uso di mascherine medico-chirurgiche e DPI". Revisione 04, 25 marzo 2020. Consultato in data 04/09/2020. Disponibile al sito: http://www.aidii.it/indicazioni-per-la-tutela-della-salute-dei-lavoratori-nel-contesto-dellemergenza-covid-19-rev-01/.

42) D'Orsi F, Narda R, Scarlini F, Valenti E. La sorveglianza sanitaria dei lavoratori. Roma: EPC; 2009.

43) Bevilacqua L, Chirico F, Magnavita N. Il piano sanitario. In: Medicina del Lavoro Pratica di Magnavita N. Milano: Wolters Kluwer; 2018.

44) Chirico F. The new Italian mandatory vaccine Law as a health policy instrument against the anti-vaccination movement. Ann Ig. 2018;30(3):251-256.

45) Chirico F. Vaccinations and media: An on-going challenge for policy makers. J Health Soc Sci. 2017;2(1):9-18. Doi: 10.19204/2017/vccn1.

46) Greenhalgh T, Knight M, A'Court C, et al. Management of post-acute covid-19 in primary care. BMJ. 2020;370:m3026.

47) Chirico F, Magnavita N. Covid-19 infection in Italy: An occupational injury. S Afr Med J. 2020 May 8;110(6):12944. Doi: 10.7196/SAMJ.2020.v110i6.14855.